U0192643

· 写给孩子的 ·

时间简史

刘凡科　编著

江西美术出版社
全国百佳出版单位

图书在版编目（CIP）数据

写给孩子的时间简史 / 刘凡科编著 . -- 南昌：江西美术出版社，2021.12

ISBN 978-7-5480-8494-5

Ⅰ.①写… Ⅱ.①刘… Ⅲ.①宇宙学—青少年读物

Ⅳ.①P159-49

中国版本图书馆 CIP 数据核字（2021）第 204845 号

出 品 人：周建森

企 划：北京江美长风文化传播有限公司

责任编辑：楚天顺 朱鲁巍 策划编辑：朱鲁巍

责任印制：谭 勋 封面设计：韩 立

写给孩子的时间简史

XIE GEI HAIZI DE SHIJIAN JIANSHI

刘凡科 编著

出 版：江西美术出版社

地 址：江西省南昌市子安路 66 号

网 址：www.jxfinearts.com

电子信箱：jxms163@163.com

电 话：010-82093785 0791-86566274

发 行：010-58815874

邮 编：330025

经 销：全国新华书店

印 刷：北京市松源印刷有限公司

版 次：2021 年 12 月第 1 版

印 次：2021 年 12 月第 1 次印刷

开 本：880mm×1230mm 1/32

印 张：4.25

ISBN 978-7-5480-8494-5

定 价：29.80 元

本书由江西美术出版社出版。未经出版者书面许可，不得以任何方式抄袭、复制或节录本书的任何部分。

版权所有，侵权必究

本书法律顾问：江西豫章律师事务所 晏辉律师

前言
PREFACE

　　从古至今，人们一直致力于探究宇宙的本源和归宿：宇宙究竟是无限的还是有限的？它有一个开端吗？如果有的话，在此之前发生了什么？时间的本质是什么？它会到达一个终点吗？这些问题常让我们陷入没有出口的思考，同样也困扰着古往今来众多的科学家和哲学家。

　　目前，人们普遍接受的时间观念来自爱因斯坦的相对论。在相对论中，时间与空间一起组成思维时空，成为构成宇宙的基本结构。而斯蒂芬·霍金在爱因斯坦之后通过研究，提出了惊人的论断——宇宙是有限的，但无法找到边际；宇宙在 150 亿—200 亿年前的大爆炸开端有一个奇点，这也是时间的起点，在此之前，时间毫无意义；空间—时间可以看成一个有限无界的思维面……

　　这是一本通俗易懂、引人入胜而又让人受益无穷的科普通识读物，从人类经典的宇宙观谈起，逐步扩展到空间和时间、正在膨胀的宇宙、黑洞和时间旅行等主题上，以简洁的语言，论叙了现代宇宙学的一些基本的知识，适合家长和孩子共同阅读。书中使用了大量珍贵的精美图片，把科学严谨的知识学习植入一个个恰到好处的美妙场景中，没有任何物理基础的孩子，也能够完整、明白地看懂这本书里的每一个章节、每一段文字。

人类文明发展的历程总是闪耀着科学的光芒。科学，无时无刻不在影响并改变着我们的生活，而科学精神也成为"中国学生发展核心素养"之一。因此，在科学的世界里，满足孩子们强烈的求知欲望，引导他们的好奇心，进而培养他们的思维能力和探究意识，是十分必要的。本书将孩子带入一个完全可以理解，又能够激发想象的宇宙时空，从而开启他们对科学的热情。

我们生存在一个奇妙无比的宇宙中，只有凭借非凡的想象力才能鉴赏其年龄、狂暴甚至美丽。赶快翻开这本书吧，让孩子带着好奇心，开始一段不可思议的探索之旅，去认识遥远的星系、神秘的黑洞、膨胀的宇宙……

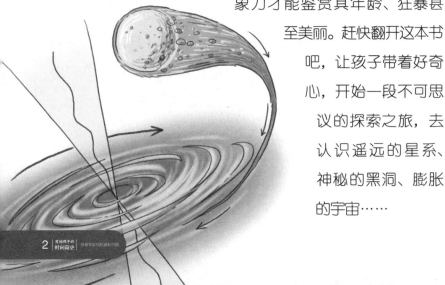

目录

CONTENTS

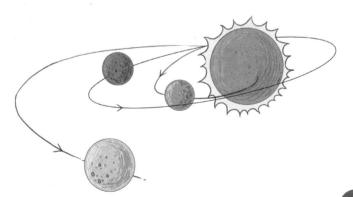

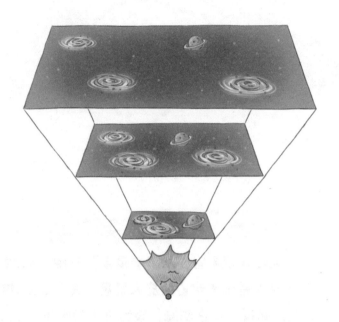

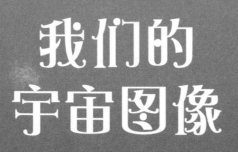

一
我们的
宇宙图像

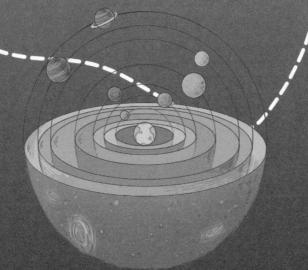

人类认识宇宙，从"看星星"开始

与生产生活密切相关的天象观测

"天地混沌如鸡子，盘古生其中。"在古老的中国人看来，整个宇宙，也就是我们生活的世界，不过是一个混沌的类似于鸡蛋的东西，盘古生在其中，创造了人类文明。当然，除了这种"混天说"，早期中国人还提出了关于世界的"盖天说"，即"天圆地方说"。"天似穹庐，笼盖四野。天苍苍，野茫茫，风吹草低见牛羊。"穹隆状的天覆盖在正方形的平直大地上，天地宛如一座顶部为圆形的帐篷。

↑ "天似穹庐，笼盖四野。"

北极星

北斗七星

指极星

↗北斗七星的
指极星正在坚守岗
位,"指示"着
北极星。

当然,受科技水平和自身居住环境的
限制,早期中国人对世界的这些认知基本
上都是通过"看天"的活动得来的,且仅
仅局限在他们所能看到的地球上。同样,西方人最开始对宇宙
的认知也局限在自身生活的世界——地球上。他们把高山大海
当作宇宙的尽头,认为高山围起了大地,而天空高高地悬挂在
高山之上。每天,太阳会横穿过天空,并在夜晚来临时潜入地
下隧道,第二天又重新从东方升起。

"壬午卜，扶，奏丘，日南，雨"，距今 3000 多年的殷商甲骨文上的这段记录，描述了人们根据太阳的位置变化来确定天气的情景。实际上，在经历了不断抬头望天、看星星，以及对自身生存的世界的诸多猜测之后，人们逐渐发现天象（泛指各种天文现象）跟地球上的气象（发生在天空中的风、云、雨、雪等一切大气的物理现象）密切相关，而气象直接影响着农业生产和季节交替。于是，有意识地观察和认识天象，以更好地服务于农业生产和生活，就成了早期人类感兴趣的活动之一。而这也成了人类认识宇宙的开端。

　　"斗柄东指，天下皆春；斗柄南指，天下皆夏；斗柄西指，天下皆秋；斗柄北指，天下皆冬。"距今 2000 多年的战国古书

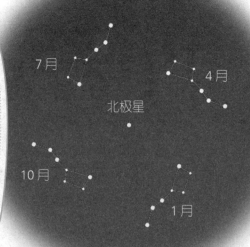

　　北斗七星转呀转，一圈又一圈。如果你在北半球向北走得足够远的话，就能看到图中的情景。这是一年之中某个特定时节晚 8 时左右的图像。图中左侧为西北方向，右侧是东北方向。

7月
4月
北极星
10月
1月

《鹖冠子·环流篇》中的这段内容，描述了人们根据黄昏时分观测到的北斗七星的位置来判断季节的情况。实际上，经过不断观测天象，人们逐渐从日月星辰的升降隐现中总结出日、月、年的概念，并由此制定出了简单的历法。据记载，中国在殷商时期就制定出了阴阳历，年有平年、闰年之分，平年12个月，闰年13个月，闰月置于年终，称十三月。但在甲骨卜辞中还偶有十四月甚至十五月出现，这说明当时人们还不能很好地把握年月之间的长度关系。此外，古埃及人很早就意识到了季节的变化，并由专门的人负责观测天象。经过长期的观测，古埃及人产生了"季节"的概念，把一年定为365天。我们现在用的阳历，就来源于古埃及的历法。

就这样，立足于农业生产和生活，人们开始了天象观测活动，并根据天象逐渐总结制定出了系统的历法。而这些天象观测，无疑为人类认识宇宙打开了大门。接下来，在继续观测天象的过程中，人们逐渐发现了天体（宇宙中各种实体如恒星、行星的统称）运行的规律，并开始有意识地研究这些规律从而重新认识自身生存的世界。

宇宙地心说

据说，最早提出"地心说"观点的人是古希腊学者欧多克斯。在这之后，"地心说"经亚里士多德完善，并最终由托勒密发展成为"地球是宇宙的中心"的宇宙模型。

在亚里士多德论证地球是球形的同时，他就表达了"地球

托勒密的宇宙模型

土星

木星

金星

月亮

地球

↑ 托勒密

是宇宙中心"的观点。他认为，
宇宙是一个有限的球体，分为天、
地两层，地球是静止的，位于宇宙
的中心。在地球之外，有 9 个等距
离的天层，从里到外依次是月球天、水
星天、金星天、太阳天、火星天、木星
天、土星天、恒星天和原动力天，此外就空
无一物。上帝推动了恒星天层，从而带动所有天
层运动。此外，亚里士多德还提出了构成物质的"五种
元素"，即地球上的物质是由水、气、火、土四种元素组成的，
而天体则由第五种元素"以太"组成。

有人说，亚里士多德之所以认为地球是宇宙的中心，是因

为一些神秘的因素。不过，尽管他的"地心说"模型有模有样，但随着对行星观测的不断发展，人们发现它无法很好地解释行星的"不规则"运行。于是，2世纪，另一位天才——希腊天文学家托勒密在亚里士多德理论的基础上，提出了更为完善的"地心说"。

在托勒密看来，要解决行星的不规则运行，如某些时候行星会出现"逆行"现象，向着反方向运行，势必要在原本绕地球运行的轨道之外，给行星再加一个运行轨道。因此，他提出了"本轮"和"均轮"的理论，即各行星都绕着一个较小的圆周运动，而每个圆周的圆心都在以地球为中心的圆周上运动，每个小圆周叫作"本轮"，绕地球的圆周叫作"均轮"。

在本轮和均轮的基础上，托勒密提出了他的地心说宇宙模型。宇宙是一个套着一个的大圆球，地球位于圆球的中心，在地球周围有8个旋转的圆球，上面依次承载着月球、水星、金星、太阳、火星、木星、土星和恒星。

对宇宙而言，最外面的圆球就是某种边界或容器，而圆球之外为何物，还没有人弄清。在最外层的圆球上，恒星占据着

火星

水星

太阳

固定的位置，因此当圆球旋转时，恒星间的相对位置不变，圆球和恒星作为一个整体一起旋转着穿越天穹；内部的圆球携带着行星，这些行星除了在圆球上运行外，还会绕着本轮的小圆周运行，因此相对于地球，它们的轨道就显得复杂，这就导致了它们的运行有时候不规则。

相对于亚里士多德的"地心说"模型，托勒密的"地心说"模型更为复杂，当然也能更好地解释行星的运行。与此同时，他还提供了一种非常合理的精确系统，可以用来预测天体在天空中的位置。但是，为了正确地预测这些位置，托勒密不得不假设月球沿着一条特殊的轨道前进，即在这条轨道上，月亮和地球的距离有时是其他时刻的一半，这意味着月亮在某些时刻看起来应当是其他时刻的 2 倍！这无疑是个瑕疵，但在当时，由于托勒密"地心说"模型给恒星之外的天堂和地狱留下了大量的空间，因此天主教教会接纳它为世界观的"正统理论"，人们也开始普遍接受它。

科学的发展最终证明，"地心说"是错误的。但由于以地球为稳定中心，其他一切都围绕着地球运动的观念是如此令人信服，以至于好几个世纪之内托勒密的地心说模型都占据着统治地位。但是，真理的殿堂从来都是不断否定、不断建立新理论的过程，1300 年后，终于有人大胆地反抗这一理论，并以大无畏的精神提出了全新的宇宙模型，这个人就是哥白尼！

"日心说"出炉

与地心说一样，最早提出日心说的人并不是家喻户晓的哥白尼，而是古希腊伟大的天文学家、数学家阿里斯塔克斯。

　　阿里斯塔克斯出生于大约公元前 310 年，是人类历史上有记载的首位提出"日心说"的天文学者。他将太阳而不是地球放置在整个已知宇宙的中心，认为太阳与固定的恒星不会运动，而地球绕着太阳运动。

　　不幸的是，由于阿里斯塔克斯的宇宙观和"日心说"理论远远走在了时代前列，因而在当时并未得到公众的承认，甚至还险些被人以亵渎神明罪起诉。于是，这个超前的理论就像珍贵的戒指被扔入大海消失得无影无踪，直到 1800 多年后哥白尼出现。

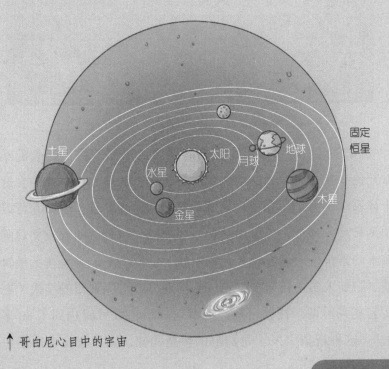

↑ 哥白尼心目中的宇宙

↓图为哥白尼描绘的天体运行图，这是以太阳为中心的行星系统。这在现今已得到广泛承认，但在哥白尼所处的时代却是一次科学史上的巨大革命。

　　1473 年，哥白尼出生在当时属波兰王国普鲁士行省的小城托伦。在当时，天文学采用的是托勒密的地心说体系。在这个体系中，由于托勒密提出了本轮和均轮的复合，因此它可以预测日食、月食，也可以解释一些现象。但是，随着天文观测技术的进步，人们发现在托勒密的宇宙模型中，需要在行星轨道上附加太多本轮来调整轨道的周期，以适应观测的结果（在文艺复兴时期，托勒密提出的本轮和均轮数目就达到了 80 多个）。这种现象引发了哥白尼的怀疑，他认为，假设太阳是宇宙的中心，其他天体都围绕着太阳旋转，那么就不用人为地加上如此多的本轮了。但这样的观点在当时是万万不敢提出的，因为上帝是在位于宇宙中心的地球上创造了人类，如果说太阳是宇宙的中心，那无疑会被认为是异端邪说。

不过，哥白尼并未因外界的压力而放弃科学探索。1506年，在回国任教后不久，他就开始着手写作自己的天文学说著作《天体运行论》。1512年，哥白尼还把他任职地的城堡西北角的箭楼修建为自己的小型天文台，用自己研制的简陋仪器来进行天文观测和计算。之后，在1514年，由于害怕遭受教会的迫害，哥白尼通过匿名的方式发表了自己的宇宙模型，即"日心说"。

他的观点是：太阳静止地位于宇宙的中心，地球和行星都在围绕太阳做圆周运动。

他指出，人类生存的地球只是围绕太阳的一颗普通行星，地球每天自转一周，由此形成天穹的旋转，而月球则在圆形轨道上绕地球转动。此外，太阳在天球上的周年运动是地球绕太阳公转运动的结果，地球上人们观测到的行星的倒退或者靠近现象都是地球和行星共同绕日运动产生的结果。当然，完整的"日心说"体系在哥白尼1543年出版的《天体运行论》中有详细的阐述，这本书也被认为是现代天文学的起点。

大地是运动的，对古代人来说，这一观点是难以被接受的。此外，"日心说"指出行星围绕太阳做圆周运动，但对行星运动的观测结果并非完全符合圆周这一结论。因此，在哥白尼的《天体运行论》出版后半个多世纪里，"日心说"仍然很少受到关注，支持者更是寥寥。直到1609年，伽利略使用刚发明的望远镜观测木星时发现，在木星周围有几颗小的卫星在绕着木星做运动。这说明，天体并非都像亚里士多德和托勒密认为的那样直接绕着地球运动。几乎在同时，另一位天文学家开普勒改进了哥白尼的理论，使理论预言和观测一下子完全相符起来，由此彻底宣告了托勒密地心说体系的死亡。

开普勒三大定律

说到开普勒三大定律，就不能不说丹麦天文学家第谷·布拉赫。正是由于参考了他的大量珍贵、精确的天文观测资料，开普勒才最终研究发现了行星运动的三大定律，为牛顿万有引力定律的发现打下了基础。

作为一个天文爱好者，第谷从十几岁就开始查看星历表和天文学著作，并进行天文观测。1572年，第谷观测到一颗非常明亮的星星突然出

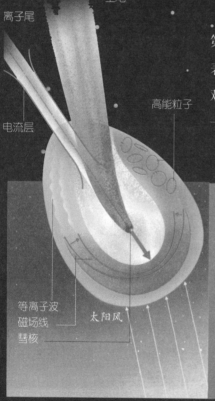

尘尾

离子尾

高能粒子

电流层

等离子波
磁场线
彗核

太阳风

←彗核由冰块和细小的固态颗粒组成，其直径一般不超过几千米。包围着彗核的是明亮的彗发，彗发是由于彗核靠近太阳发生蒸发形成的。彗星有一条或是两条尾巴，一条是由尘埃和气体组成的，另外那条是由离子化物质组成的。

彗星是太阳系中的"流浪者",它们会按时返回。这幅哈雷彗星的照片是1986年它最近一次靠近地球时被拍摄到的。这颗彗星每77年才能返回至近地位置（可视范围之内）一次。

现在了仙后座，他为此进行了连续几个月的观察，最终看到了这颗星星从明亮到消失的过程。后来，人们知道这并非一颗新星的生成，而是一颗暗到几乎看不见的恒星在消失前发生爆炸的过程，这颗被发现的星星也被称为第谷超新星。在1577年，一颗巨大的彗星出现在丹麦上空，第谷首次将彗星作为独立天体进行了观测。观测结果显示，彗星的轨道不可能是完美的圆周形，而应该是被拉长的，且由视差判断该彗星与地球的距离比地月的距离更远。

随后，第谷通过精确的星位测量，企图发现由地球运行而引起的恒星方位的改变，但结果一无所获。由此，他开始反对哥白尼的日心说，并在1583年出版的《论彗星》一书中提出一种介于"地心说"和"日心说"之间的理论，即地球是静止的中心，太阳围绕地球做圆周运动，除地球外的其他行星则围绕着太阳做圆周运动。这个理论曾一度被人接受，中国明朝就使用了主要依据第谷的观测结果而编制的时宪历。

虽然第谷的行星模型很快就被淘汰了，但他的天文观测对科学革命来说是个重大的贡献。在第谷去世之后，他的助手开普勒利用他多年积累的观测资料，仔细分析研究并提出了行星运动的三大定律，从而揭开了行星运动的秘密。

针对哥白尼的"日心说"体系，开普勒曾做过这样的设想，即如果行星都在围绕太阳而不是地球运动，同时运行轨道又都是椭圆形的，那么每个行星的轨道就都会是一直向前的，也就不需要再添加什么复杂的本轮来进行调节了。这样一来，行星的运动不但可以用非常简单、优雅的轨道来描述，还可以解释那些不符合圆周运动轨道的行星运动的观测结果。在这个假设的基础上，开普勒参考第谷的大量观测资料，最终提出了行星运动的三大定律。

开普勒第一定律，也叫椭圆定律、轨道定律：每一个行星

↗当一颗超新星爆炸时，其星流会直冲到太空中很远的地方。

碎片膨胀　　超新星爆炸

都沿着各自的椭圆轨道绕太阳运行，而太阳则处在椭圆的一个焦点上。

开普勒第二定律，也叫等面积定律：在相同的时间内，太阳和运动着的行星的连线所扫过的面积都是相等的。也就是说，行星与太阳的距离是时远时近的，在最接近太阳的地方，行星运行速度最快；在最远离太阳的地方，行星运行速度最慢。

开普勒第三定律，也叫周期定律：行星距离太阳越远，其运转周期越长，而它的运转周期的平方与它到太阳之间的距离的立方成正比。由这个定律可以导出，行星与太阳之间的引力与半径的平方成反比，这是牛顿万有引力定律的一个重要基础。

↑ 第谷宇宙模型

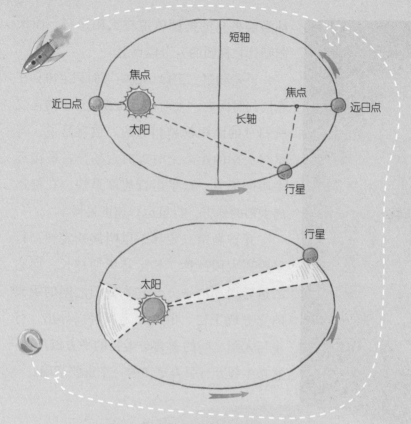

↑ 开普勒定律示意图

　　行星在椭圆轨道上绕太阳运动而不是以圆形轨道绕地球运动，这一结论直接印证了哥白尼的"日心说"理论，也说明了地球确确实实是围绕太阳运行的。而开普勒三大定律的提出，对行星绕太阳运动做了一个基本完整、正确的描述，解决了天文学的一个基本问题，也为接下来牛顿发现万有引力定律奠定了坚实的基础。牛顿曾说："如果说我比别人看得远些的话，是因为我站在巨人的肩膀上。"毫无疑问，开普勒就是他所指的巨人之一。

在某一个有限时刻，宇宙开端了

彼此相互吸引的恒星，会不会最终落到某处去呢？1691年，大科学家牛顿给当时的另一位权威思想家理查德·本特利写了一封信。在这封信中，牛顿指出，如果宇宙中仅仅有数目有限的恒星，那么由于相互之间的吸引力，这些恒星最终会落到一个中心点上。相反，如果恒星的数目是无穷大，并且大致均匀地分布在无限大的空间之内，那么恒星就不可能落到一点上，因为此时对恒星来说根本不存在所谓的聚落中心点。

正确地考虑无穷数目恒星状态的办法其实也很简单，那就是先考虑有限的情况。在一个有限的空间内，由于引力作用，恒星会被彼此吸引内落并集聚在一起。现在，在上述有限区域外再加上一些恒星，且让它们也大体分布均匀，会发生什么变化？根据引力定律，后来补充的恒星依然会跟原来的恒星一样，接连不断地内落而集聚。依此类推，人们得出的结论就是，不可能构筑一个静态的无限宇宙模型，因为引力永远是一种吸引力。

宇宙在运动！由引力定律得出的这个结论让相信宇宙以不变状态永恒存在的人们大吃一惊。但更让人吃惊的事情还在后面。通常来讲，在一个无限静态的宇宙中，几乎每一条视线或每一条边，都会终止于某个恒星的表面。这样一来，人们将会看到整个天空像太阳一般明亮，即便夜晚也是如此。但事实并非如此。于是，为避免这种情况出现，就只能假设恒星并非永远在发光，它们只是在过去的某个时间才开始发光。那么问题来了：是什么原因导致恒星在最开始的位置上开始发光呢？

宇宙是否有一个开端？

当问题进展到这一步，人们不得不面对这个一直处于神学和玄学范围的问题。事实上，在宗教的早期传说中，有多种关于宇宙开端的观点都认为宇宙有一个开端。《创世记》一书中，圣·奥古斯汀就设定宇宙的创生之时约为公元前 5000 年。而接下来，埃德温·哈勃的发现，终于为这一构想提供了科学依据。

1929 年，埃德温·哈勃完成了一项划时代的观测，即无论朝哪个方向看，遥远的恒星都在快速地远离我们所在的银河系，也就是说宇宙在膨胀。这同时意味着，在过去的某个时间，天体是紧密地聚集在一起的。很快，关于大爆炸的学说兴起了，它提出，曾经存在一个称为大爆炸的时刻，那时候宇宙无限小，密度无限大，大爆炸之后宇宙逐渐膨胀，成为今天我们见到的样子。在这个学说中，时间在大爆炸时有一个开端，即宇宙开始于某个时刻。哈勃的发现最终把宇宙开端的问题彻底纳入了科学的范畴，人们由此可以说，时间有一个起点，即大爆炸瞬间，这意味着在这之前的时间是完全不可定义的。当然，宗教人士依然可以相信，是上帝在大爆炸瞬间创造出了宇宙，上帝甚至可以在大爆炸之后的某个时刻创造宇宙，只不过创造的方式使之看上去像经历了大爆炸。但无论如何，设想宇宙创生于大爆炸之前是毫无意义的。大爆炸的宇宙并没有排斥造物主的存在，只不过对他何时从事这项工作加上了限制而已。从这一点上说，宗教和科学终于达成了一致。

2 星系是遍布宇宙的庞大星星"岛"

神秘天河中藏着无数恒星

"晴夜高空，呈银白色带状，形如天河，所以称天河。"在久远的古代，当中国人发现天空中的那条银白色光带时，人们觉得那简直像是空中流淌的一条大河，因此叫它"天河"。而对世界各地的人们来说，空中的这条银白色光带一直都是美丽而神秘的，人们无法从科学角度解释它的存在，只能求助于形形色色的神话传说。

在古希腊，人们称这条天河为"奶路"。古希腊人认为，"奶路"是宙斯同他的情妇之一阿尔克墨涅所生的儿子——幼年的赫拉克勒斯——抓伤了宙斯的妻子赫拉的乳房，把奶汁洒向天空而形成的。而在澳大利亚，人们普遍认为，天河是造物主忙碌之后感到筋疲力尽时，在就寝前点燃的一堆营火所发出的烟。某些美洲印第安人的说法则更加神奇，他们认为天河是勇敢的战士死后进入天堂的道路，路边的明亮星星则是死者途中临时休息地的营火。

与这些神话传说相比，古代中国关于银河的神话故事则更为浪漫感人。"纤云弄巧，飞星传恨，银汉迢迢暗度。"宋代词人秦观的这几句词，形象地写出了牛郎织女被天河阻隔无法相见的景象。相传，天帝的女儿织女与凡间的放牛郎相恋，却被天帝阻止。天帝一怒之下，用一条天河将织女与牛郎隔开，使他们隔河相望,难以相见。

　　自此,天空便有了这条天河,而每逢阴历七月初七,好心的喜鹊就会在天河上架起一座鹊桥,让牛郎织女在桥上相会。

　　当然,神话传说能满足普通人对天河的猜测,却无法满足哲学家的睿智头脑。亚里士多德就认为,天河纯粹是一种大气现象,是地球蒸发产生的水蒸气。而古希腊另一位有名的哲学家德谟克利特则提出,天河其实是由无数恒星构成的,只不过由于这些恒星太过暗淡、密集,只能表现为一条模

↓ 牛郎织女鹊桥相会图

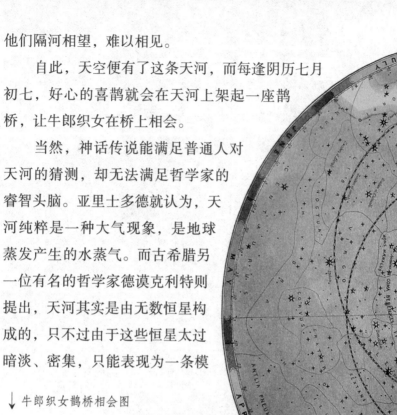

↑ 伽利略制成的望远镜。

←这是 19 世纪设计的北天星图所描绘的
银河。

糊的光带。

　　直到 1609 年，意大利天文学家
伽利略的发现，最终揭开了这条神秘
天河的真面目。借助自制的望远镜，伽利
略观测到了金牛座中有名的"七姐妹星团"，
也就是中国古代说的"昴宿"，通常人的肉眼只能
看到 6 颗星，但伽利略通过望远镜却看到了 36 颗星。之
后，他又对那条光带进行了观测，发现在望远镜中这条天河呈
现出无数颗密密麻麻的星星。于是，伽利略证实了德谟克利特
的猜想，即银河是由无数恒星汇聚而成的。

　　现在人们都知道，空中的天河其实就是地球所在的银河

系，其中分布着很多明亮的或者暗淡的恒星。当然，在认识了银河的构成后，人们也随之发现了更多类似于银河系的、由无数恒星集合而成的光带。

通过望远镜，以前人们只能用肉眼看到一些明亮恒星的天空，迅速扩展为一大片一大片的星星聚合体。在这些星星聚合体中，除了明亮的恒星，还有其他许多较暗的恒星，它们密集地分布在一条条光带之中，呈现出一些特定的形状。那么，恒星在什么空间范围内是分布均匀的？远处的恒星又是如何排列分布的呢？这个问题，便是我们接下来要讲的概念——星系。

星系"类型秀"

就像蓝色大海中点缀的一个个岛屿，在茫茫无边的宇宙中，点缀其中的是星罗棋布的星系。星系是宇宙中庞大的星星"岛屿"，也是宇宙中最大、最美丽的天体系统。

"星系"一词最初来源于希腊文 galaxy。以我们所在的银河系为例，星系是一个包含恒星、气体的星际物质、宇宙尘和暗物质，并受重力束缚的大质量系统。典型的星系，从包含数千万颗恒星的矮星系到含有上兆颗恒星的椭圆星系，都围绕着质量中心运转。除了单独的恒星和稀薄的星际物质，多数星系都有数量庞大的多星系统、星团和各种不同的星云（由气体和尘埃组成的云雾状天体，最开始，所有在宇宙中的云雾状天体都被称作星云）。我们所居住的地球就处于一个巨大的星系——银河系中，而在银河系之外，还有上亿个像银河系一样的被称为河外星系的"太空巨岛"。

据天文学家估算，在可观测到的宇宙中，星系的总数大概

河外星系的"发现史"

伽利略使用他的望远镜观测了天空中明亮的银河，发现它是数量庞大且光度暗淡的恒星聚集成的。	**1610 年**
伊曼纽尔·康德在一篇论文中，借鉴之前由托马斯·怀特完成的素描图，推测银河是由恒星组成的盘状物。我们从盘内透视时，就会看到一条在夜空中的光带。同时他还推测，许多被天文学家称作"星云"的模糊天体是银河之外的类似银河的天体。	**1755 年**
梅西尔完成的目录，收录了 103 个明亮的星云。继梅西尔之后，威廉·赫歇尔也完成了收录多达 5000 个星云的目录。	**18 世纪末**
罗斯勋爵造出了一架全新的望远镜，可以区分出椭圆形状的星云和螺旋形状的星云，他同时在这些星云中找到了一些独立的点，为康德的说法提供了证据。	**1845 年**
哈勃使用大望远镜确认，那些观测到的星云就是河外星系。哈勃分辨出螺旋星系外围单独的恒星，并辨认出了其中有些是造父变星，从而可以估计出这些星云状天体的距离——它们的距离如此之远，以至于不可能是银河系的一部分。	**1920 年**
哈勃制定了现在仍被使用的星系分类法，也就是哈勃序列。在哈勃序列里，E 表示椭圆星系，S 表示旋涡星系，SB 表示棒旋星系，SO 表示透镜星系。	**1926 年**

←螺旋星系

猎犬座 NGC4414。

超过了 1000 亿个。它们中有些离我们较近，可以清楚地观测到结构，有些则非常遥远，最远的星系甚至离我们将近 150 亿光年。

星系主要依据它们的视觉形状来分类。在星系世界中，有很多像银河一样的星系，它们外观呈螺旋结构，核心部分表现为球形隆起，也就是核球。这种核球的外观是薄薄的盘状结构，从星系盘的中央向外缠卷着数条长长的旋臂，这样的星系被称为旋涡星系。另外一些星系看起来是椭圆形或正圆形，没有旋涡的结构，被称为椭圆星系。在旋涡星系和椭圆星系之间，还有一些具有明亮的核球和圆盘、没有旋臂、看起来像透镜的星系，它们被称作透镜星系。这三类星系之外，是一些形状不对称、无法辨认其核心、看起来甚至碎裂成几部分的星系，它们被称为不规则星系。

←棒旋星系

波江座 NGC1300。

←—不规则星系

大熊座 M82。

光度是天体表面单位时间辐射的总能量，也就是天体真正的发光能力。范登伯发现星系旋臂的形态与其亮度有关，即光度越高，旋臂越长、越舒展；反之，光度越暗，旋臂越不舒展。他据此在哈勃分类的基础上，增加了光度级作为第二个参量，将不同星系分为 5 个光度级，即 Ⅰ、Ⅱ、Ⅲ、Ⅳ、Ⅴ。

通常，星系的大小差异很大。椭圆星系的直径为 3300 光年到 49 万光年，旋涡星系的直径 1.6 万光年到 16 万光年，而不规则星系的直径为 6500 光年到 2.9 万光年。与太阳来类比，星系的质量一般是太阳质量的 100 万倍到 1 兆倍。星系内部的恒星都在运动，星系本身也在自转。天文学家认为星系自转时顺时针方向和逆时针方向的比率是相同的，但也有一些观测结果显示，逆时针旋转的星系更多一些。

在众多的河外星系中，只有很少一部分有专门的名字。小麦哲伦星系是以发现者的名字来命名的，猎犬座星系则是以所在星座的名称来命名的。除此之外，绝大多数的河外星系以某个星云、星团表的号数来命名。从大尺度上来看，星系的分布是差不多均匀的；但从小尺度上来看则很不均匀，如大麦哲伦星系和小麦哲伦星系就组成了双重星系，而它们又和银河系组成了三重星系。

→椭圆星系

室女座 M87。

扁平圆盘状的银河系

"飞流直下三千尺，疑是银河落九天。" 1000 多年前李白写的这两句诗，表明人们对银河的认识由来已久。但是，真正认识到银河的本质，了解银河是一个包含我们生活的太阳系的旋涡星系，是从近代开始的。

实际上，近代天文学家发现银河系的过程非常漫长。当伽利略首先用望远镜观测银河之后，人们就知道了银河是由恒星组成的。1750 年，英国人托马斯·赖特就提出了银河和所有的恒星构成一个巨大的扁平状系统的观点，这是对银河外形的首

↑银河系中心位于射手座的方向上。高密度的可见恒星说明了它们排列得十分紧密。我们对中心区域的视点被地球与星系中心之间星系盘上的大量尘埃所阻挡。但是，在不同于可见光的波长上，银河系的中心被揭示出来。

次描述。随后，德国哲学家康德于 1755 年指出，恒星和银河之间可能会组成一个巨大的天体系统。接下来的 1785 年，英国天文学家威廉·赫歇耳通过恒星计数得出，银河系中恒星分布的主要部分是一个扁平圆盘状的结构。他随后通过望远镜用目视方法计数了 117600 颗恒星，并根据观测结果首次确认了银河系为扁平状圆盘

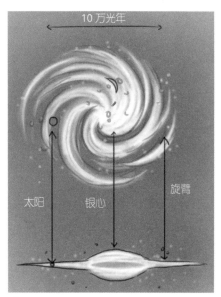

↑ 银河系简单轮廓图

的假说。随后，美国天文学家沙普利经过 4 年的观测，于 1918 年提出太阳系不在银河系中心，而是处于银河系边缘的观点。他根据观测结果细致地研究了银河系的结构和大小，最终提出了一个银河系模型，即银河系是一个透镜状的恒星系统，太阳系并不在中心。这个模型后来被证明是正确的，沙普利的观测为人们进一步认识银河系奠定了基础。在这之后，天文学家就把以银河为代表的恒星系统称为银河系。

现在我们知道，银河系是一个由 1000 亿 ~ 4000 多亿颗恒星、数千个星团和星云组成的、直径大约为 10 万光年、中心厚度约为 1 万光年、包含太阳系的巨大旋涡星系（最新研究结果显示，银河系是一个棒旋星系而不仅是一个普通的旋涡星系）。从外形上看，银河系是一个中间厚、边缘薄的扁平圆盘状体，看起来就像是空中的一个巨大铁饼。从构成方面来看，

银河系大体上由银盘、核球、银晕和暗晕4个部分组成。银盘是银河系恒星分布的主体，呈扁平圆盘状，直径大约为8.2万光年；核球是银河系中恒星分布最为密集的区域，约呈扁球状；银晕是一个由稀疏分布的恒星和星际物质组成的区域，大体呈球形地包围着银盘；在银晕之外，还有一个范围更大的物质分布区被称为暗晕，也叫作银冕，但其中的物质究竟是什么，目前还不得而知。

以太阳作为参照物，银河系的质量大约是太阳的1万亿倍，太阳处在与银河系中心距离大约27700光年的位置，以每秒250千米的速度围绕银河系的中心旋转，旋转一周大约需要2.2亿年。此外，银河系还有两个伴星系，分别是大麦哲伦星系和小麦哲伦星系。

广袤银河中，人类居住在太阳系

恒星是由炽热气体组成的能自己发光的球状或类球状天体。因此，作为银河系里众多炽热气体星球的一员，太阳看上去并没有明显的界限，就如同一个燃烧着的大火球。天文观测和研究显示，太阳大约是于47.5亿年前在一个坍缩的氢分子云内部形成的。而现在，太阳已经是一个直径大约139万千米（相当于地球直径的109倍）、质量大约2×10^{30}千克（相当于地球质量的33万倍）、约占太阳系总质量99.86%的"大火球"。

在形状上，太阳接近于理想中的球体，但还稍有一些扁，估计扁率为九百万分之一。此外，太阳本身是白色的，但由于在可见光的频谱中以黄绿色的部分表现得最为强烈，因此从地球表面观看时，大气层的散射就让它看起来是黄色的，因此它也被非正式地称为"黄矮星"（矮星，光谱分类中光度级按照由强到弱顺序分在第五级的恒星，用罗马数字 V 表示）。由于一直在燃烧，所以太阳一直在发光。可太阳究竟是靠燃烧什么来发光的呢？要知道，太阳燃烧 1 秒释放出的能量就相当于燃烧几百亿吨煤所产生的能量，如果它只是一个用普通燃料做成的球体，那么数千年之内它就会燃烧殆尽了。可实际上，太阳已经持续燃烧了数十亿年。这个问题，直到 20 世纪中叶以后，人们才彻底弄懂。原来，太阳和恒星的能量都来自核能的

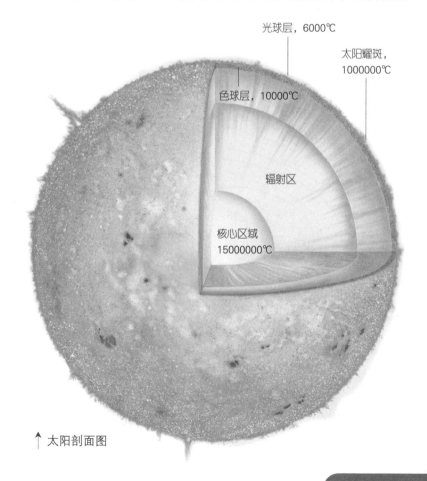

光球层，6000℃

太阳耀斑，1000000℃

色球层，10000℃

辐射区

核心区域 15000000℃

↑ 太阳剖面图

释放。从化学组成上来看，太阳约 3/4 是氢，剩下的几乎都是氦，当氢在高温高压下聚变成氦时，就会释放出巨大的核能。因此，太阳才能在那么长时间内持续燃烧。

太阳是磁力非常活跃的恒星，它支撑着一个强大、年复一年不断变化的磁场。太阳磁场会导致很多影响，如太阳表面的太阳黑子、太阳耀斑、太阳风等，这些都被称为太阳活动。虽然太阳距地球的平均距离是 1.5 亿千米，但太阳活动还是会对地球人的生活造成影响，如扰乱无线电通信等。

→太阳系

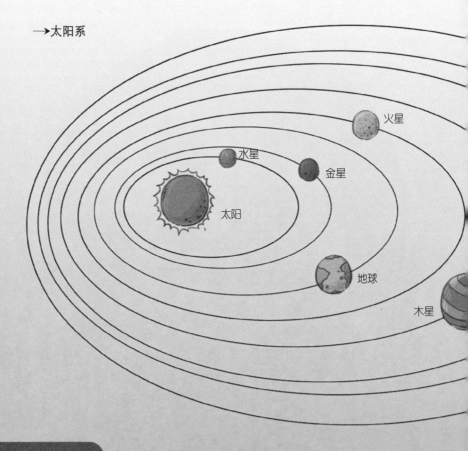

以太阳为中心，太阳和它周围所有受到太阳引力约束的天体构成了一个集合体，这个集合体就是太阳系。目前，太阳系内主要有8颗行星，至少165颗已知的卫星，5颗已经被辨认出来的矮行星和数以千计的太阳系小天体。这些小天体包括小行星、柯伊伯带的天体、彗星和星际尘埃。按照到太阳的距离，太阳系中的八大行星依次是水星、金星、地球、火星、木星、土星、天王星和海王星，其中的6颗行星有天然的卫星环绕着，在太阳系外侧的行星还被由尘埃和许多小颗粒构成的行星环绕着。除地球之外，在地球上肉眼可见的行星（水星、金星、火星、木星、土星）在中国都以五行命名，其余则与西方一样，以希腊和罗马神话故事中的神命名。此外，像地球的卫星是月球一样，太阳系中其他行星也有自己的卫星环绕，如木星的伽利略卫星木卫一（埃欧）、木卫二（欧罗巴）、木卫三（盖尼米德）、木卫四（卡利斯多）和土星的卫星土卫六（泰坦），以及海王星捕获的卫星海卫一（特里同）。

万物生长靠太阳。正是因为有了太阳的热和光，地球上才生机盎然，人类文明才得以产生并延续。目前的科学技术让我们对太阳系有了基本的了解，相信随着科学的迅猛发展，未来我们会知道更多关于太阳系的知识，并运用它们更好地为人类服务。

海王星

土星

天王星

3 我们知道宇宙在 膨胀，望远镜中的宇宙

哈勃的观测

我们现在所处的宇宙，是什么状态？

目前，科学界普遍认可的宇宙模型是大爆炸模型，也就是说，宇宙正在膨胀。此外，他们还认为自大爆炸以后，宇宙大约已经膨胀了 130 多亿年。这一重大问题的发现，得益于哈勃的观测。

爱德温·鲍威尔·哈勃，1889 年 11 月出生于美国密苏里州。1906 年，17 岁的哈勃高中毕业后获得芝加哥大学奖学金，前往芝加哥大学学习。在读大学期间，他深受天文学家海尔的启发，开始对天文学产生浓厚兴趣，在该校时即获数学和天文学的校内学位。1910 年，21 岁的哈勃从芝加哥大学毕业后，前往英国牛津大学学习法律，23 岁获文学学士学位。1913 年，哈勃在美国肯塔基州开业当律师，但由于对天文学的热爱，不久后他就放

←爱德温·哈勃

哈勃太空望远镜重约 11 吨，有一个直径为 2.5 米的碟形盘。因 1990 年第 Ω 不当，不得不于 1994 年进行了更换。

弃律师职业，于 1914 年返回芝加哥大学攻读博士学位，并于 1917 年获得博士学位。随后，在获得天文学哲学博士学位和从军两年后，1919 年哈勃接受海尔的邀请，赶赴威尔逊天文台（现属海尔天文台）工作。此后，除第二次世界大战期间在美国军队服役外，哈勃一直在威尔逊天文台工作。

当时的天文学界，虽然牛顿已经提出了引力理论，表明恒星之间因引力相互吸引，但没有人正式提出宇宙有可能在膨胀。甚至那些相信宇宙不可能静止的人，非但没有想到这一层，反而试图修正牛顿的理论，使引力在非常大的距离之下变成排斥的。这种做法，能够使无限分布的恒星保持一个平衡状

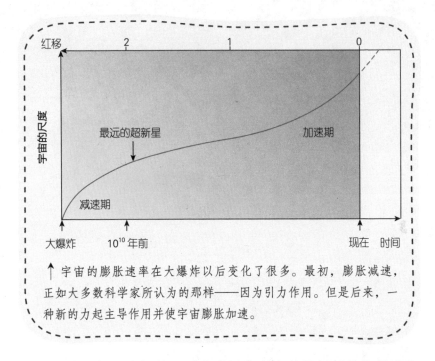

↑ 宇宙的膨胀速率在大爆炸以后变化了很多。最初，膨胀减速，正如大多数科学家所认为的那样——因为引力作用。但是后来，一种新的力起主导作用并使宇宙膨胀加速。

态，即临近恒星之间的吸引力会被远距离外的恒星带来的斥力所平衡。但显而易见，这种平衡态是非常脆弱的，一旦某一区域内的恒星稍微相互靠近一些，它们之间的引力就会增强，当超过斥力的作用后便会使这些恒星继续吸引到一起。

　　简而言之，由于长时间以来人们都习惯了相信永恒的真理，或者认为虽然人类会生老病死，但宇宙必须是不朽的、不变的。所以，即便牛顿引力论表明宇宙不可能静止，且实际情况又表明宇宙中的恒星没有落到一处去，人们依然不愿意考虑宇宙正在膨胀。正是在这样的背景下，哈勃进行了一个里程碑式的观测。

　　20世纪初，哈勃与其助手赫马森合作，在他本人所测定的星系距离以及斯莱弗的观测结果基础上，最终发现了遥远星系的现状，即无论你朝哪个方向看，远处的星系都在快速地飞离我们。这个结论直接表明了，宇宙正在膨胀。随后，哈勃又提出了星系的退行速度与距离成正比的哈勃定律。

哈勃的观测及哈勃定律的提出，为现代宇宙学中占据主导地位的宇宙膨胀模型提供了有利证据，有力地推动了现代宇宙学的发展。此外，哈勃还发现了河外星系的存在，他是河外天文学的奠基人，并被天文学界尊称为"星系天文学之父"。为纪念哈勃，小行星2069、月球上的哈勃环形山及哈勃太空望远镜都以他的名字来命名。

望远镜中的宇宙

我们现在从望远镜中看到的宇宙，就是这一时刻的宇宙景象吗？

答案是否定的。此时此刻，你从望远镜中观测到的宇宙，其实只是它过去的样子，至于它此刻到底发生了什么，我们无从知道。望远镜，其实就像是一台时间机器，将我们带入了宇宙的过去，我们观测的距离越遥远，看到的宇宙景象就越古老。

试想一下吧！宇宙中的长度单位是光年，在真空中光一年传播的距离可以达到9.5万亿千米。按照这个速度来算，从太阳到地球，光只需要走不到8分钟的时间。也就是说，如果此刻我们看到了太阳光，那么这束光其实是太阳8分钟之前就发出的。同样的道理，地球与半人马座α星的距离是大约4.22光年，因此我们此刻看到的比邻星也是它4年多前的影像。如此一来，我们看到的，不就是过去的宇宙吗？

当然了，几年的时间，与那么多恒星几百亿年的生命历程相比是微不足道的，宇宙中距离我们几百万光年、几千万光年甚至是几亿光年的天体多得是。当我们从望远镜中看到它们的时候，事实上它们发出的光线已经在宇宙中传播了几百万年、几

93 米

千万年甚至几亿年。也就是说，我们现在从望远镜中看到的天体的景象，其实已经过去了很长的时间，甚至我们看到的一些恒星，很可能早就在茫茫宇宙中消亡了，但它们传出的光线还在浩瀚的宇宙中不断传播，远远没有

到达地球。因此完全可以说，天体离我们的距离越远，我们看到的它们的影像就越古老。

↓瑞典的欧洲50望远镜设计得几乎与自由女神像一样高，包含有分割的50米直径的镜片。这样的望远镜使天文学家能够看到宇宙中最模糊的物体。

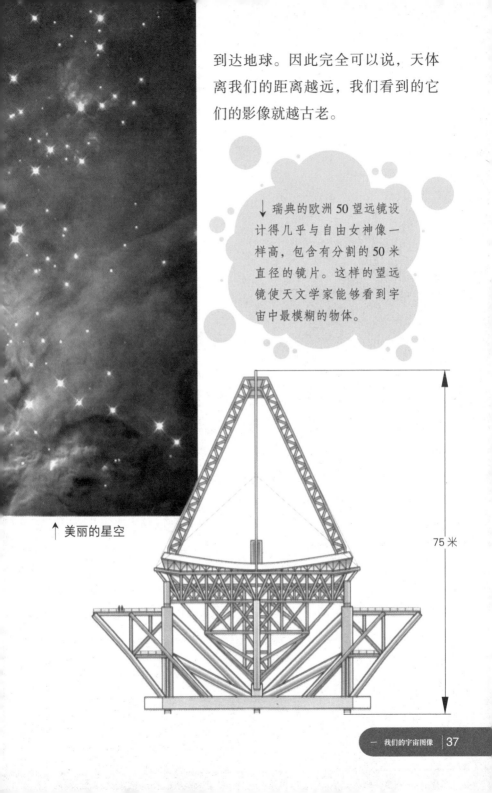

↑ 美丽的星空

75米

　　对天文学家来说，找出协调所有科学理论的大统一理论，由此来推断宇宙的过去和未来，弄清楚生命起源和宇宙起源的奥秘，是一切科学理论的终极目标。而人的寿命不过区区数十年，人类文明史也不过区区几千年，与已经存在了 130 多亿年的宇宙相比，甚至与已经存在了几百万年、几千万年的恒星相比，简直不值一提。对地球上的人类来说，我们无法像观看春华秋实一样目睹、观察一颗恒星的完整生灭过程，更无法由此来得出更多有用的关于宇宙的信息。所以，观察这些离我们超级远的星星，甚至是已经消亡的星星，等同于在研究宇宙的过去，它可以帮助人类更好地探寻天体是如何进化的，并由此得出宇宙诞生之初的某些信息。

　　所以说，要了解宇宙的过去，只要观测更远的天体就可以了。当然，这一目标的实现要依赖于不断发展的科技水平，依赖于更加先进的望远镜。

二
空间和时间

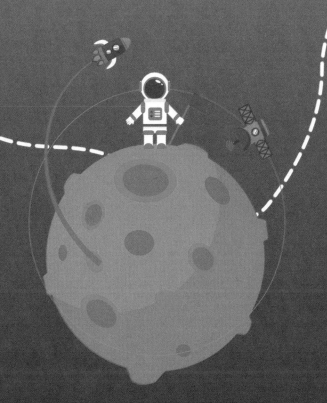

就算物质都毁灭，
时空依然相互独立存在

羽毛和铁块为何同时落地

运动到底是怎样产生的？在伽利略和牛顿之前，人们关于物体运动的观念来自亚里士多德。

在亚里士多德看来，宇宙中所有物体都有其自然位置，也就是处在完美状态的位置，而物体通常都倾向于保持在完美状态的位置上。因此，一般情况下物体都固定于自然位置，一旦被移离其自然位置，物体就会倾向于返回其自然位置。他认为，这个自然位置即静止状态。也就是说，物体通常情况下都保持静止，只有在受到力或者冲击下才会运动。很明显，在亚里士多德看来，力是维持物体运动的原因。

那么，从相同高度、同一时间抛下羽毛和铁块时，哪一个先落地？亚里士多德认为，一定是铁块先落地，因为重的物体受到的将其拉向地球的力更大。这一度成为人们信奉的"真理"，它看起来非常符合人们的直觉思维，即重物比轻物下落得更快。

在"重物下落得更快"的观点之外，亚里士多德还固执地认为，仅仅依靠纯粹的思维，人们就可以找出所有制约宇宙的定理，完全不需要用实践去检验。由于他的这个观点，很长一段时期内，没有人想到要用实验来检验不同重量的物体是否确实以不同的速度

→ "它们看起来是同时落地的"，伽利略从比萨斜塔上丢下两个重量不同的铅球。图为伽利略在众人注视下演示的著名实验之一。

下落，直到伽利略出现。

据说，为验证亚里士多德的观点，伽利略在比萨斜塔上做了释放重物的实验，最终证明亚里士多德的观点是错误的。虽然这个故事的可信度非常低，但伽利略确实为此做了一些实验。

伽利略做了一个与物体垂直下落相似的实验，即让不同重量的物体沿着光滑的斜面滚下。这时候，由于物体下落时的速度比垂直下落时更慢，所以观测起来更容易。一个简单的例子可以说明伽利略的实验：在一个沿水平方向每隔 10 米就下降 1 米的斜面上释放一个小球，不管这个小球有多重，1 秒钟后小球的速度是 1 米 / 秒，2 秒钟后小球的速度是 2 米 / 秒，依此类推。所以，伽利略的观测结果显示，不管物体的重量是多少，它们沿斜面下滑时速度增加的速率是一样的。也就是说，亚里士多德关于"重物

↘月球上的同时落地实验

比轻物下落得更快"的结论是错的，羽毛和铁块应该是同时落地的。

当然，现实生活中我们会发现，铁块确实要比羽毛下落下落得快些，这是由于有空气阻力，空气阻力将羽毛下落的速度降低了。如果我们释放两个不受任何空气阻力的物体，那么无论它们的重量是多少，它们总是以同样的速度下降。这个结论随后得到了证实：航天员大卫·斯各特在没有空气阻力的月球上进行了羽毛和铁块的实验，结果发现两者确实是同时落到月球表面上的。

由此人们得知，力并不是维持物体运动的原因，而是改变物体速度的原因。正是在伽利略这个实验结论的基础上，牛顿展开了更深入的思考和研究，并最终提出了著名的牛顿三大定律和万有引力定律。

牛顿的引力定律

在伽利略尝试用实验来研究物体的运动与力的关系后，牛顿以伽利略的实验为基础，提出了三条运动定律及万有引力定律，从而规定了行星的运动轨道。

在牛顿看来，力的真正效应是改变物体的速度而不是仅仅使之运动，这就意味着，只要物体不受任何外力的作用，它就会一直保持静止或以相同的速度保持直线运动。这正是牛顿第一定律的内容。

与牛顿第一定律"运动是由施加了某些力而引起的"不同，牛顿第二定律指出，作用在物体上的力等于该物体的质量与其加速度的乘积。也就是说，如果施加在物体上的力加倍了，那么该物体的加速度就会加倍；若力不变，物体的质量增大为

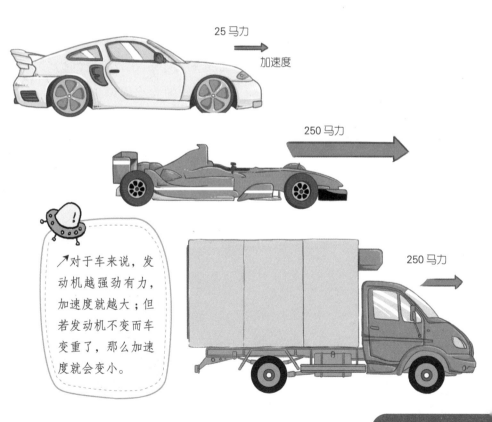

25 马力

加速度

250 马力

250 马力

对于车来说，发动机越强劲有力，加速度就越大；但若发动机不变而车变重了，那么加速度就会变小。

原来的2倍，其加速度则会变成原来的一半。这就好比一辆小轿车，发动机越强劲有力，其加速度就越大；若发动机不变而小轿车变重，其加速度就会变小。

牛顿第二定律进一步解释了为何羽毛和铁块会同时落地。对高空抛下的物体而言，如果忽略空气阻力，它所承受的外力来自与自身质量成正比的重力，而这个外力所产生的加速度是与外力的大小成正比而与质量成反比的。因此，重的物体一方面确实可以获得较大的外力，但另一方面也会由于自身的质量而无法获得较大的加速度。所以，在没有空气阻力的情况下，相同高度抛下的羽毛和铁块会以相同的加速度落向地面，所经历的时间自然也是相同的。

牛顿第三定律说的是，当一个物体对另一个物体施加一个力时，另一物体也会对该物体施加同样大小、方向相反的力。简单来讲就是，每个作用力都有与之相对的大小相等、方向相

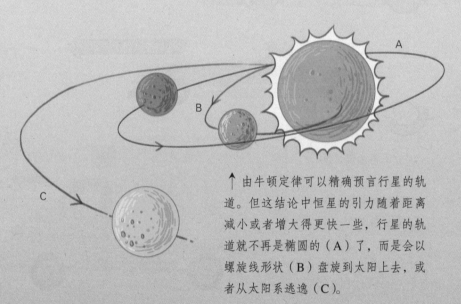

↑ 由牛顿定律可以精确预言行星的轨道。但这结论中恒星的引力随着距离减小或者增大得更快一些，行星的轨道就不再是椭圆的（A）了，而是会以螺旋线形状（B）盘旋到太阳上去，或者从太阳系逃逸（C）。

反的反作用力，就像我们用力推墙时，墙壁也会同时给我们一个同样大小的反作用力。

前面我们讲过，在开普勒发现行星运动三大定律之后，牛顿运用引力定律解释了为何行星要绕太阳运行。事实上，牛顿正是在行星运动三大定律的基础上，提出了万有引力定律，即自然界中任何两个物体间都存在着相互吸引力，引力与每个物体的质量成正比，与它们之间的距离成反比。

由牛顿引力定律我们得出，一个恒星的引力是一个类恒星在距离小一半时的引力的1/4。这个结论极其精确地预言了地球、月球和其他行星的轨道。人们发现，如果此结论中恒星的引力随着距离减小或者增大得更快一些，行星的轨道就不再是椭圆的了，而是会以螺旋线形状盘旋到太阳上去，或者从太阳系逃逸。

牛顿的运动定律和引力定律，解释了我们所知的宇宙中几乎所有的运动，从球棒击打棒球产生的运动到星系的运动。与此同时，随着其运动定律的提出，另一个问题也浮出水面，即由运动定律可以得出，不存在唯一的静止标准。接下来，牛顿将对这个观念困惑不已，而爱因斯坦则在其基础上提出了著名的相对论。

无论怎么测量，光速数值始终不变

光速一开始被认为是无限的。很多早期的物理学家，如弗朗西斯·培根、约翰内斯·开普勒和勒内·笛卡尔等，都认为光速是无限的。不过，伽利略却认为光速是有限的。1638年，他让两个人提着灯笼各爬到相距约1000米的山上，让第一个人掀开灯笼，并开始计时，对面山上的人看见亮光后也掀开灯

笼，等第一个人看见亮
光后，停止计时。
这是历史上
非常著名的

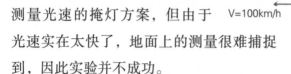
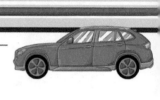

测量光速的掩灯方案，但由于
光速实在太快了，地面上的测量很难捕捉
到，因此实验并不成功。

　　由于宇宙广阔的空间为测量光速提供了足够大的距离，因此，光速的测量首先在天文学上取得了成功。1676 年，丹麦天文学家欧尔·克里斯琴森·罗默首次测量了光速。当时，他凭借研究木星的卫星木卫一的视运动，首次证明了光是以有限速度传播，而非无限。不过，由于他在求值过程中利用了地球的半径，而当时人们只知道地球轨道半径的近似值，所以求出的光速数值只有 214300 千米 / 秒。不过，这个光速值虽然与光速的准确值相去甚远，却是光速测量史上的第一个纪录，仍值得铭记。当然，在欧尔·克里斯琴森·罗默之后，许多科学家都采用不同的方法对光速进行了测量，得出了越来越接近准确值的光速数值。而在近 200 年后的 1865 年，英国物理学家詹姆士·麦克斯韦首次提出光是一种电磁波，用波动的概念描述了光的传播过程。

　　接下来的 1887 年，美国物理学家阿尔伯特·迈克尔逊和爱德华·莫雷在做光的实验时，赫然发现了光速的一个奇特之处。我们知道，如果一个人以 100 千米的时速驾驶一辆汽车飞驰，此时他看到身旁有一辆以时速 200 千米行驶的列车，那么，他会发现什么？有基本物理常识的人都知道，如果汽车与

写给孩子的
时间简史　　探索宇宙的起源和归宿

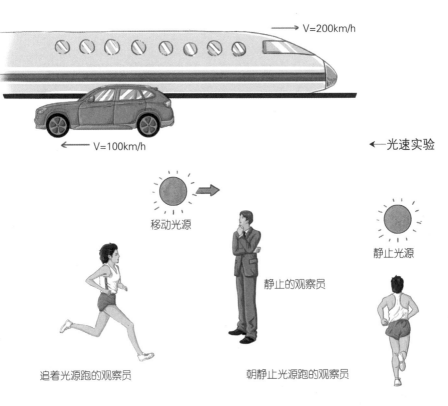

V=200km/h

V=100km/h

←光速实验

移动光源

静止光源

静止的观察员

追着光源跑的观察员

朝静止光源跑的观察员

列车行驶方向相同，那么人对列车的目测速度就是时速 100 千米；但如果汽车与列车的行驶方向相反，那么人对列车的目测速度就会是时速 300 千米。这个结论几乎适用于地球上的一切事物，但并不适合光速。

迈克尔逊和莫雷对光的实验结果说明了光速并不遵循这一规律。仍以上述汽车和列车为例，按理说，由运动光源发出的光速肯定比由静止光源发出的光速更快。此时，如果运动中的光相交，那么目测速度就应该是两者速度之和。但实际上，实验结果却显示，无论是在运动中还是处于静止中，光的行进速度都是恒定的。也就是说，你把手电筒放在静止的地面上让其发出光，和你拿着手电筒一边跑一边让手电筒发出光，两者的光速是一样的，丝毫没有因为手电筒的运动状态而改变。由此也可得知，当人们测量光速时，无论我们自身是运动的还是静止的，测量出的结果都是不变的。也就是说，无论测量者本身如何变化，或者光源本身如何变化，光速始终是恒定不变的。

现在看来，无论怎样测量，数值都不变的光速，似乎是"绝对"的、亘古不变的。也正是在这个结论的基础上，爱因斯坦提出了相对论，翻开了宇宙学研究的新篇章。

绝对时间和绝对空间

绝对时间和绝对空间的概念，来自大科学家牛顿。

什么是绝对时间？在其著作《自然哲学的数学原理》中，牛顿对时间作了如下描述："绝对的、真正的和数学的时间自身在流逝着，且由于其本性而在均匀地、与任何外界事物无关地流逝着。"

在牛顿看来，时间对任何人来说都是一样的，从不逗留，也不会停滞。一个很明显的事实是，时间与人类或者其他任何物体都毫无关联，无论我们采取怎样的方式来计算，时间都在以同样的速度流逝着，毫无改变。正因如此，很多学者文人为"时间"留墨，慨叹时间永恒流逝而人生短暂。从这样的感觉出发，不可挽留和不可停滞的时间，就叫作绝对时间。

如果你从一个国家到另一个国家，你需要调整自己的钟表来适应当地的时间。那么，假如这一刻世界上所有的钟表都消失了，时间会怎么样呢？答案就是，时间依然存在并将继续行走下去。将范围扩大一点，假如全部的原子或粒子和钟表一起消失了，时间又会怎么样呢？或者更严重一点，假如地球、太阳、银河系甚至整个宇宙都消失了，时间会怎么样呢？或许有人会认为，既然整个宇宙都消失了，一切都不存在了，那时间肯定也不存在了。

但在牛顿的绝对时间观念中，即便整个宇宙都消失，时间依然独立存在着，无关任何人和事，且将永远存在。

↓ 时间是否永恒

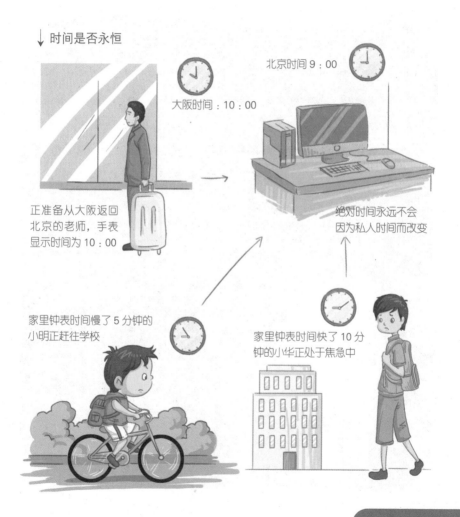

大阪时间：10：00

北京时间 9：00

正准备从大阪返回北京的老师，手表显示时间为 10：00

绝对时间永远不会因为私人时间而改变

家里钟表时间慢了 5 分钟的小明正赶往学校

家里钟表时间快了 10 分钟的小华正处于焦急中

那么，绝对空间又是什么呢？同样在牛顿的《自然哲学的数学原理》一书中，牛顿这样描述绝对空间："绝对的空间，就其本性而言，是与外界任何事物无关且永远是相同的和不动的。"

与绝对时间一样，绝对空间也是独立于任何事物而独立存在的。就像一个舞台，即便没有演员上台表演，舞台依然独立且永远地存在着。为了证明绝对空间的存在，牛顿还专门构思了一个理想实验，即有名的水桶实验。

在水桶实验中，牛顿假设有一个保持静止的注满水的水桶。之后，用绳子绑住水桶的把手，将水桶吊在一棵树的树枝上，使水桶开始旋转。一开始，水桶中的水仍然保持静止，但不久后它就开始随着水桶一起转动，水面会渐渐脱离其中心沿着桶壁上升而形成一个凹状。牛顿认为，水面形成凹形是水脱离转轴的倾向，这种倾向不依赖于水相对周围物体的任何移动。也就是说，这是水桶相对于绝对空间旋转而引发的。

绝对时空的观念体现出牛顿的一个观点：动者恒动，静者恒静。而正是基于时间和空间的这种绝对性，牛顿建构出了运动的法则。在阐述牛顿第一运动定律时，牛顿就将其建立在绝对时空——一个不依赖于外界任何事物而独自存在的参考系上。在绝对时空中，物体都具有保持原来运动状态的性质，这就是惯性。不过，虽然绝对时空的观念是牛顿理论体系的基础，但在其提出后的200年间备受质疑，并给牛顿本人带来了不小的困扰。

2

一切都是相对的，
时间和空间是相结合的

光的媒介是像风一样的以太吗

虽然牛顿的绝对空间观念已漏洞百出，但它依然吸引着一些科学家去寻找。这其中，最著名的就是美国物理学家阿尔伯特·迈克尔逊和爱德华·莫雷的实验。

其实，在麦克斯韦发现光是一种电磁波的时候，他就提出，射电波或者光波应该以某一种固定的速度行进。由于牛顿定律已经摆脱了绝对静止的观念，因此，如果假设光以某种固定的速度行进，就必须说清楚这固定的速度是相对于何物来测量的，或者说，存在着某种传导光波的媒介。

由于光被认为是一种波，而波本身是一种传导的媒介物，因此大家相信肯定存在另外一种能传导光波的媒介。媒介，就是波在传导时必需的一种物质。简单来讲，如果你朝水里扔一颗石头，水面会立刻泛起一圈一圈的波纹，这可以表明波的存在。这个时候，对水中的波纹来说，水就是媒介。另外，我们听到的声音也是一种波，而充斥在我们周围的空气就是声波的媒介，这样我们才得以相互对话。很多时候，身处空气稀薄的高原地带，人们相互间的对话会很困难，就是因为在偏真空的状况下，声音也很难传播。

在寻找光波的媒介时，人们提出了以太的概念。以太是一种物质，它无所不在，甚至存在于广袤"空虚"的真空里。人

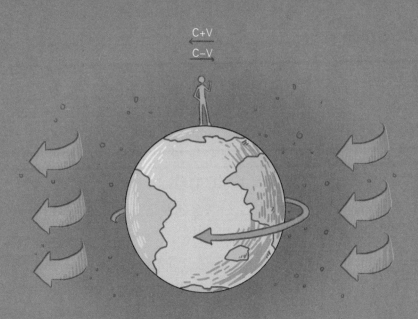

C+V
───
C−V

↑ 若以太存在，则我们在地球上测得的光速也应该随着以太风的风向改变而改变。

们认为，就像声波通过空气行进、水波通过水面行进一样，光波应该通过以太行进。如果缺少了以太，光波就无法传播。因此，按照麦克斯韦的理论，光波的"速度"必须相对于以太来测量。此时，不同的观察者将会看到，光以不同的速度射向他们，但光相对于以太的速度是不变的。

　　要检验这个思想，我们可以作一个假设。假设从某个光源发射出了一束光，正以光速穿越以太向前行进。此时，如果你穿过以太向着它运动，那么你趋近光的速度将是光通过以太的速度和你自身速度的和。而光也将比假设你不动或你沿着其他方向运动更快地趋近你。不过，遗憾的是，由于我们对着光源运动的速度与光的速度相差太大，所以这个速度差异的测量效应非常困难。

此外，我们知道风是源于空气的运动，在风吹动时，沿同一方向行进的声速会随着风速的增加而增加，而朝着相反方向行进的声速则会随着风速的减慢而减速。同样，在光的传播过程中，这种情况也会发生。也就是说，由于以太是光波传导的媒介，所以光速会随着以太速度的增大而增大，随其减小而减小。与此同时，人们还以为，就算在绝对空间里，也存在这样一种静止状态的以太。如果把地球放在绝对空间里，那么当地球运行时，在地球上的我们就会觉得以太之风正在吹拂着，我们在地球上测得的光速也会随着以太风方向的改变而改变。

当然，可能存在的情况是，由于地球和以太之间有相对运动，所以测量出的光速结果有一定差异。也正因如此，我们可以通过这样的测量来发现地球与绝对空间正在进行着什么样的运动。在这个思想的指导下，迈克尔逊和莫雷开始了他们的实验。不过，当他们最终发现无论怎么测量光速都一样时，他们意识到，以太可能并不存在，或者说，绝对空间似乎并不存在。

抛弃以太——光速是恒定的常数

为什么测量出的光速一样，就说明以太甚至绝对空间不存在呢？

1887 年，美国物理学家迈克尔逊和莫雷为寻找牛顿所说的绝对空间，开始对不同方向运动的光进行测量。

根据上文讲的理论我们知道，当地球在围绕太阳的轨道上穿过以太时，地球通过以太运动的方向（当我们向着光源运动时的光速），应该大于与该运动成直角的方向（当我们不向着光源运动时的光速）。可是，当迈克尔逊和莫雷把沿着地球运动方向的光速和与之相垂直方向的光速进行比较时，他们惊讶地发现，两次的光速竟然是完全一样的。

随后，迈克尔逊和莫雷又做了好几次实验，但无论怎么测量，测得的光速数值都是一样的。这说明什么呢？按照之前的结论，由于光波是在以太中传播的，光速若不变，就说明以太是静止的。我们知道，光可以在宇宙中的任何地方传播，所以以太应该弥漫了整个空间。而如果以太是不动的，且又弥漫了整个空间，那么所有物体的运动都可以看作相对于以太运动，以太在一定意义上就相当于绝对空间。

迈克尔逊－莫雷实验，即在地球上对不同方向的光速的测量结果都一样，意味着在以太静止的情况下，地球相对于绝对空间应该是静止的。可是，我们都知道，地球每时每刻都在运动，除了自身的自转和绕太阳的公转，它还会和其他行星一起以太阳系为单位受到银河系的引力影响。也就是说，地球不可能是静止的。面对这两个相互矛盾的结果，人们该如何解释呢？

1887—1905 年，很多科学家都在做各种尝试，试图解释迈克尔逊－莫雷实验的结果。1905 年，当瑞士专利局一位默默无闻的小职员在其论文中提出光速不变原理时，人们才意识到，以太没有存在的必要

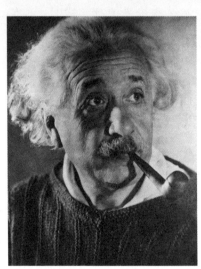

↑ 阿尔伯特·爱因斯坦

了。这个小职员就是爱因斯坦。

爱因斯坦在当年的一篇著名论文中指出，只要人们愿意抛弃绝对时间的观念，那么整个以太的观念就是多余的。在颠覆过去所有猜测和想法的前提下，爱因斯坦提出了一种更合理的解释，即光速不变原理。这个原理的提出，让光的媒介以太失去了存在的必要性。

相对论的基本假设是，无论观察者以任何速度做自由运动，相对于他们自身来说，科学定律都应该是一样的。毫无疑问，这个理论对牛顿的运动定律是适用的，但它的范围更大，扩展到了麦克斯韦的理论和光速上，即由于麦克斯韦理论指出光速具有固定的数值，因此任何自由运动的观察者，不管离开或者趋近光速有多快，他们都一定会测得同样的数值。

在狭义相对论中，光速不变原理指的是，无论在任何情形下观察，光在真空中的传播速度都是一个恒定的常数，其数值是 299792458 米 / 秒，这个数值不会因为光源或者观察者所在参考系的相对运动而改变。

当然，光速不变原理也是可以通过联系麦克斯韦方程组来解出的。此外，在爱因斯坦后来提出的广义相对论中，由于所谓的惯性参考系不存在了，所以爱因斯坦引入了广义相对性原理，即物理定律的形式在一切参考系中都是不变的。这样一来，光速不变原理就可以应用到所有的参考系中了。

爱因斯坦的相对论舍弃了以太的概念，因为在光速不变的情况下，根本没有必要考虑参考系或传导光波的媒介。而若不考虑以太这一媒介，那么绝对空间也就不存在了。自此，以太逐渐被物理学家所"抛弃"。

无论何时何地，物理法则永远不变

物理定律在一切参考系中都具有相同的形式，这就是我们所说的相对性原理。作为物理学最基本的原理之一，相对性原理指出不存在"绝对的参考系"，即在一个参考系中建立的物理定律，在适当的坐标变换后，可以适用于其他任何参考系。这个原理，最早是由伽利略提出的。

在经典物理学开始之初，有过一场激烈的争论：支持哥白尼学说的人认为地球在运动，也就是地动说；维护亚里士多德 – 托勒密体系的人则认为地球是静止的，即地静说。当时，地静说的支持者提出了一条反对地动说的绝佳理由，即如果地球是在高速运动着的，为什么身处地球之上的我们一点都感觉不出来？

针对这个问题，伽利略在 1632 年出版的著作《关于托勒密和哥白尼两大世界体系的对话》中，彻底给出了解答。当时，他以一艘名叫"萨尔维蒂"的大船为例，提出了相对性原理，这艘大船的状态是静止或匀速运动的情景。

伽利略·伽利雷

伽利略在书中描述了这样一个"生存场景"：你和一些朋友被困在一条大船甲板下的主舱里，你们身边有几只苍蝇和蝴蝶，舱内有一只大碗，碗里放着几条鱼，舱顶上挂着一只水瓶，水滴滴滴答答地滴入下方的一个宽口罐里。

当船停止不动时，你仔细观察，发现苍蝇以相同的速度朝舱内的各个方向飞行，鱼儿在碗里随意地游动，水滴依然滴进下方的罐中，你抬手扔一个东西给朋友，只要距离不变，向任何方向扔所用的力气都一样。此时，你双脚跳起，无论朝着哪个方向跳，离开原地的距离都是相等的。等这一切都了然于心之后，现在让船以匀速运动，且船也不会忽左忽右地晃动。此时，再观察上述现象，做出上述动作，会出现什么状况？结果是，一切都丝毫没有变化，你无法从任何一个现象来判定船是在运动还是静止。

相对性原则指出：运动是相对于观测者的观察点的。从运动的汽车中爬上飞机（1）的特技演员看到的飞机是静止的，而地面上的观测者（2）看到汽车和特技演员都正在相对地球以固定的速度和方向运动。位于太阳（3）上的假设的观测者将看到汽车的运动和地面上的观测者由于受到地球（4）自转和环绕太阳旋转（5）的影响也在运动；而位于银河系中心的一颗恒星（6）上的观测者将同时看到太阳环绕星系的运动。

"萨尔维蒂"大船的例子，说明了一个非常重要的道理，即你无法从船中发生的任何一种现象，判断出船到底处于什么样的状态。这个结论就是伽利略相对性原理，"萨尔维蒂"大船就是一种惯性参考系。而以不同的速度匀速运动又不忽左忽右摇摆的物体都是惯性参考系。伽利略认为，在一个惯性参考系中看到的现象，在另一个惯性参考系中同样也能看到，而且分毫不差。

当然，伽利略的相对性原理是适用于力学领域的，而爱因斯坦随后将其扩展到了包括电磁学在内的整个物理学领域，提出了狭义相对性原理，即物理定律在任何惯性参考系中都具有相同的形式。不过，由于狭义相对性原理并不包括非惯性参考系，因此爱因斯坦随后又将相对性原理进一步推广到了一切参考系中，即物理定律在一切参考系中都具有相同的形式。这就是广义相对性原理。至此我们知道，无论何时何地，物理法则是永远不变的。

1

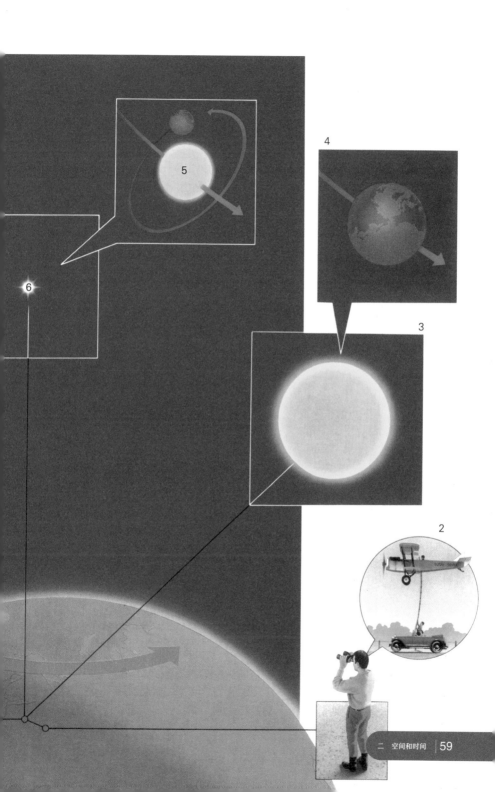

从四维空间里，找出你的时空坐标系

前面我们提到，相对论让我们意识到，时间和空间是一体的，它们共同组成了一个时空的集合体，这使四维时空的概念浮出水面。

通常，我们可以用 3 个数或者坐标来表示空间中的某一个位置。例如，我们会说房间中的某一点距离前面的墙壁 7 米远，距离后面的墙壁 3 米远，距离地板 5 米远。在地理上，我们常说一个点处于一定的纬度、经度及海拔。当然，如果范围扩大到了太空，我们还可以按照与太阳的距离，离开行星表面的距离及月球到太阳的连线和太阳到附近恒星的连线的夹角来描述一个位置。不过，这些坐标在描述太阳在我们的星系中的位置，或我们的星系在本

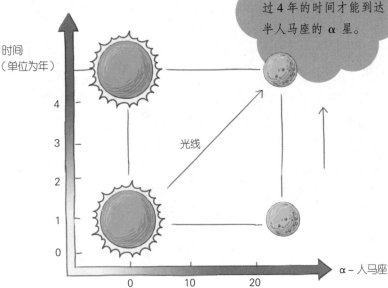

↙图中从太阳发出的光线沿着对角线走，要经过 4 年的时间才能到达半人马座的 α 星。

时间（单位为年）

光线

α - 人马座

离开太阳的距离（以 1.6×10^{12} 千米为单位）

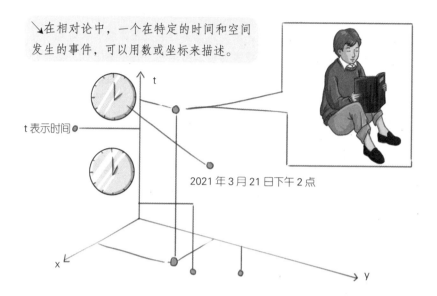

在相对论中，一个在特定的时间和空间发生的事件，可以用数或坐标来描述。

t 表示时间

2021 年 3 月 21 日下午 2 点

星系群中的位置时，并没有多大作用。即便如此，我们依然可以用一组相互交叠的坐标碎片来描述我们的宇宙，在每一个碎片中，我们都可以用 3 个坐标的不同集合来指出某一点的位置。

在相对论中，一个事件是在特定的时间和空间、特定的一点发生的某件事，因此我们可以用 4 个数或者坐标来描述它。当然，坐标的选择是任意的，我们不必刻意地总是使用同一个坐标，而是可以利用任何 3 个定义好的空间坐标和时间测度。事实上，在相对论中，时间和空间坐标之间并没有真正的差别，人们可以选择一组新的坐标。例如，为了测量地面上某一点的位置，我们可以利用在北京东北多少里和西北多少里，来代替北京以北多少里和以西多少里去测量，还可以使用新的时间坐标，即旧的时间（以秒为单位）加上往北离开北京的距离（以光秒为单位）。

以上所说的，将时间和空间结合起来创造的空间即为四维空间，即在普通三维空间的长、宽、高三条轴上又多了一条时

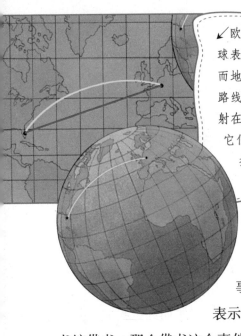

欧洲到北美的最短距离看起来是地球表面的二维地图上的一条直线。然而地球是三维的，所以两点间的实际路线是一条曲线。这类似于物体和辐射在时空连续体中穿越的状况。尽管它们看起来是沿着空间中的直线传播，但实际上它们正在四维空间里沿曲线运动。

间轴。在这个四维空间中，许许多多的事情正在发生着，而每件事情都可以用四维空间中的一点来表示。例如，2021 年 3 月 21 日你到图书馆借书，那么借书这个事件就可以用四维空间中的一个点表示出来，借书发生的时间和地点对应着时间点和空间点。

四维空间是不可想象的。我们很容易画出二维空间图，也能构建出三维空间，可四维空间究竟什么样，还没有人真正见过。不过，我们可以使用二维图，用向上增加的方向来表示时间，水平方向表示其中的一个空间坐标。像这样不管另外两种空间坐标，或有时通过透视法将其中一个表示出来的坐标图，被称为时空图。

当然，由于并不存在绝对时间和绝对空间，所以不会有唯一的四维空间存在。通常，我们所说的四次元时空图都是因人而异的时空图，且是根据那个人的运动状态来定的。所以，每个人都有属于自己的时空坐标系，而发生在自己身上的每件事情都可以用四维空间中的一点来表示。

3

引力折弯光线，
形成弯曲的时空

光会被引力场折弯

  狭义相对论一个非常著名的推论是：质量和能量是等效的。这被概括为爱因斯坦著名的方程 $E=mc^2$（E 为能量，m 为质量，c 为光速）。爱因斯坦指出，一个物体实际上永远达不到光速，因为那时它的质量会无限大，而根据上述爱因斯坦方程，能量也必须达到无限大。所以说，相对论限制了物体运动的速度，即除了光或没有内禀质量的波，其他任何正常的物体的运动速度都无法超越光速，只能以等于或低于光速的速度运动。

  这样一来，相对论和牛顿理论就产生了不可调和的矛盾。我们知道，牛顿理论指出物体之间是互相吸引的，吸引力的大小依赖于它们之间的距离。这意味着，如果我们移动其中一个物体，那么另一个物体受到的吸引力会马上改变。拿太阳来说，假设此刻太阳消失了，那么按照牛顿理论，地球会立刻觉察到太阳的吸引力不复存在而脱离轨道。此时，太阳消失的引力效应会以无限大的速度到达我们这里，而不像狭义相对论要求的那样，等于或低于光速。

  从 1908 年到 1914 年，爱因斯坦一直在寻找一种能协调狭义相对论和引力理论的理论。1915 年，在经过近 10 年的思考研究之后，他终于提出了广义相对论，使得狭义相对论和引力理论得以相互协调。

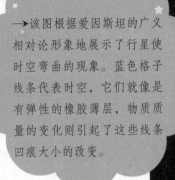

→该图根据爱因斯坦的广义相对论形象地展示了行星使时空弯曲的现象。蓝色格子线条代表时空，它们就像是有弹性的橡胶薄层，物质质量的变化则引起了这些线条凹痕大小的改变。

大圆

爱因斯坦在广义相对论中提出了一个革命性的设想，即引力并不是我们以前认为的平坦时空中的力，而是不平坦时空这一事实导致的结果。广义相对论提出，在时空中的质量和能量的分布使时空产生弯曲或者"翘曲"。像地球这样的物体并非是受到称为引力的力的作用而沿着轨道运动，而是沿着弯曲轨道中最接近直线路径的路径运动，这个路径被称为测地线。测地线是相邻两点之间的最短（或最长）的路径。例如，地球表面是个弯曲的二维空间，地球上的测地线被称为大圆，赤道就是一个大圆。

在广义相对论中，虽然物体总是沿着四维空间的直线走，但在三维空间里看，它还是沿着弯曲的路径走。举例来说，一架在山地上空飞行的飞机是沿着三维空间的直线在飞，但它在二维地面上的影子却是沿着一条曲线走的。

由此我们可知，太阳的质量正是以这样的方式弯曲了时空，使得在四维时空中地球虽然沿着直线的路径运动，在我们看来却是沿着三维空间中的一个椭圆轨道运行。在这一点上，广义相对论和牛顿引力的预言几乎完全一致，它们都能准确地描述行星的轨道。但人们随后就发现，一些行星和牛顿引力预言的轨道偏差与广义相对论非常符合，由此验证了广义相对论的正确性。

时空是弯曲的事实意味着，光线并不像在空间中看起来那样沿着直线走。事实上，光线在时空中也必须遵循测地线，即广义相对论预言光会被引力场折弯。按照这个预言，由于太阳质量，在太阳附近的光的路径会稍微弯曲。这意味着，从遥远恒星来的光线在恰好通过太阳附近时会偏折一个角度，使在地球上的观测者看到该恒星出现在了不同的位置上。

1919 年，一支英国探险队在西非观测到了日食，证明了光线确实像理论预言的那样会被太阳偏折。由此，人们更加肯定了广义相对论的正确性。

变慢的时间

科幻电影中有这样的情节：一个人坐着宇宙飞船去太空旅行，几年后回到地球却发现时间已经过了几百年。这听起来很匪夷所思，但却是科学理论之下的推断。狭义相对论告诉我们，对相对运动的观察者来说，时间推移得不一样。换句话说就是，运动中的钟表会变慢。这就导致了双生子吊诡现象的出现。

我们通常会以为，两只一模一样的钟表，其表针每时每刻的走动都是一样的，所显示的时间也应该是一样的。可事实上，下面的实验会告诉你，即便是相同的钟表，当它们本身的运动状态不同时所显示的时间也会是不同的。

实验开始之前，需要先在天花板上吊上一个挂有镜子的箱子，同时在地板上放置一个光源。这样一来，当光从光源向上射出时，就会从天花板的镜子上反射回地板。这里，钟表会把光从地板射出并返回地板的时间定为一个单位时间。

我们知道，当箱子静止时，如果用镜子离地面的高度除以光速，就能得出光由地板到达天花板所需的时间，用结果乘以2，就能得到光往返所需的时间。那么，假设现在让箱子以一定的速度做匀速直线运动，箱子里的人会有什么感觉呢？他是否还是会看到，光先从地板上垂直向上运动，到达天花板被反射后垂直向下运动，然后到达地板？而且，同样的一个光线反射过程，在房间里静止不动的人看来，情形又怎样呢？

事实上，当箱子运动时，由地板发出的光，看起来会随着箱子本身的运动倾斜地上升，经天花板上的镜子反射后再倾斜地下降抵达地板。这样一来，与箱子里的人所见的比起来，箱子外的人看到的情景是，光似乎走了更长的一段距离。也就是说，光多走了箱子运动的那段距离，而房间里的人测得的光的往返时间，就是用他看到的光移动的距离除以光速得到的，其数值无疑要更大一些。

由此我们可知，房间里的人测得的光的往返时间比箱子里的人测得的时间长。这说明，运动中的钟表在静止的人看来，会比自己的钟表长 1 个单位时间，即运动中的钟表会变慢。

根据以上结论，我们来看看双生子吊诡现象。同时出生的一对双胞胎，A 留在地球上，B 随着一艘宇宙飞船到太空去旅行。假设 B 所搭乘的太空船速度是光速的 80%，他到达目标恒星需要 5 年，来回需要 10 年。这样，当他最终返回地球的时候，A 就是 10 岁。而 B 呢？由于他以近光速旅行，所以他在飞船上只度过了 6 年的时间，也就是才 6 岁。当然，如果 B 乘坐的太空船速度达到光速的 99%，那么他往返地球可能只需要 1 年时间。

为何 B 会更年轻？毫无疑问，由运动中的钟表会变慢我们得知，以 A 所在的地球为参考物，B 在高速运动，所以测量他的时间的钟表会变慢，他自然就成长得慢。可这样一来，一个问题就出现了。根据相对性原理，一切都该是相对的，飞船相对于地球运动，地球同时也相对于飞船运动。这样一来，以 B 为参照物，A 所在的地球就是运动着的。由此，根据运动的钟表会变慢的理论，地球上的 A 就应该衰老得更慢。这两个结论，到底哪一个正确呢？是相对论出了差错吗？

双生子吊诡的真相

爱因斯坦在狭义相对论中指出，没有任何一个参考系是独特和应该获得优待的。因此，旅行后的 B 回到地球后会看到比他更年轻的 A，而身在地球的 A 也抱着同样的想法认为会看到比自己更年轻的 B。那么，真正的答案是什么呢？

事实上，旅行者 B 的想法是错误的。因为狭义相对论指出，并非所有的观测者都有同等意义，只有在惯性系中的观测者，即没有进行加速运动的观测者才有同等意义。我们知道，宇宙飞船在旅行的过程中肯定是加过速的，至少加速过一次，而在加速的过程中，旅行者 B 并不是惯性系。

可以设想，如果 B 乘坐的飞船并没有回航，而是持续往前飞行的话，那么相对于飞船上的他来说，运转中的地球对他没有任何妨碍。此时，对 B 来说，留在地球上的 A 的钟表，无疑会比自己的钟表走得慢一些，A 也就比自己年轻。同样的道理，A 也会觉得 B 应该比自己年轻。此时，虽然 A 和 B 都认为对方的钟表走得更慢，可由于双方的运动状态是等同的，所以他们

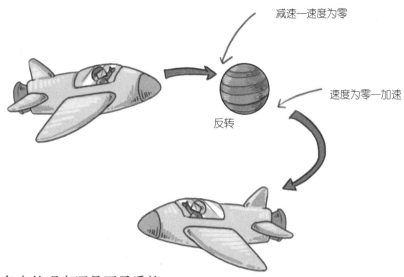

减速—速度为零

反转

速度为零—加速

各自的观点还是不矛盾的。

不过，关键是问题就在下一个地方，即 B 到达目标恒星后再次返回。我们知道，宇宙飞船如果要回航，就需要转向，而转向时要先减速直到速度为零，然后再加速返回地球。在这个过程中，飞船的运动状态发生了改变，不再像之前一样跟地球保持同等，旅行者 B 也就不是惯性系。那么，在宇宙飞船运动状态发生改变的这段时间里，对地球而言，飞船是运动的。也就是说，飞船处于运动状态下，所以它的时间会减慢。由此，导致 A 和 B 两人的年龄出现了差异。

在解决双生子吊诡问题时，人们曾认为狭义相对论不适用于加速中的物体，对此只能使用广义相对论。不过，上述分析过程证明了这个观点的错误。而事实上，广义相对论也有一个关于时间的预言，即在像地球这样的大质量物体附近，时间显得流逝得更慢。这是因为，光能量和它的频率，也就是光在每秒钟里波动的次数，存在一种关系，即能量越大，频率越高。

所以，当光从地球的引力场往上行进时，它会失去能量，进而频率下降。此时，在上面的人看来，下面发生的每件事就显得需要更长的时间。

1962年，利用安装在水塔顶部和底部的一对精密钟表，人们检验了这个预言。当时的结果显示，底部更接近地球的钟表走得较慢。这与广义相对论的预言是一致的。当然，这个效应事实上非常小。和地球表面的钟表相比，在太阳表面的钟表1年才大约会走快1分钟。不过，随着基于卫星信号的非常精确的导航系统的出现，地球上不同高度的钟表的时间差异在实际中的应用要引起重视，如果在实际计算中，人们忽视广义相对论的这个预言，那么计算得出的位置就会相差好几千米。

广义相对论的这个预言同样可以用双生子吊诡现象来体现。同样是一对双胞胎A和B，在同一时间将A放在山顶上生活，而B留在海平面上生活。那么，山顶上的A将比海平面的B老得更快一些。如此一来，当他们有生之年再次相遇时，其中一个会比另一个更老一些。当然，这样的年龄差别数值是非常小的。

相对论的提出，革新了我们对空间和时间的理解，让我们看到了一个动态的、膨胀着的宇宙。或许，一个不变的宇宙已经存在了无限久远，并将一直存在下去。但与此相对，一个动态的宇宙似乎拥有有限的过去，并会在将来的有限时间内终结。这就是我们现在的研究任务。

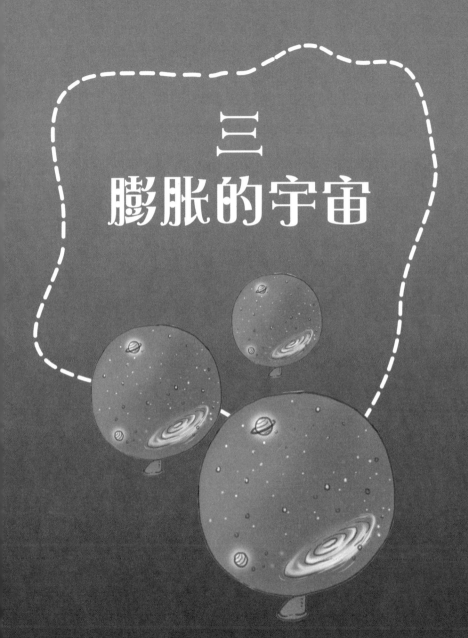

三

膨胀的宇宙

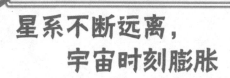

星系不断远离，宇宙时刻膨胀

用光的波长和颜色来观测远去的恒星

对天文学家来说，恒星的距离实在是太远了，即便通过望远镜也只能看到很小的光点。那么，怎样将不同类型的恒星区分开呢？

1666 年，大科学家牛顿在研究日光时发现，阳光透过玻璃窗射入后会分成几种不同的颜色，而透过三棱镜之后同样会分离出如同彩虹般的七种颜色。

由此他认为，太阳光其实并不是单色光，而是由不同颜色，也就是不同波长的单色光混合而成的复合光。由于三棱镜对不同波长的光有着不同的折射率，因此当太阳光进入三棱镜后，各种颜色光的传播方向就会产生不同程度的偏折，因此在离开三棱镜时会各自分散，颜色按照一定的顺序形成光谱。这种复合光分解为单色光而形成光谱的现象，叫作光的色散。利用色散现象将波长范围很宽的复合光分散开来，成为许多波长范围狭小的单色光的过程，叫作分光。这里的光谱，就是光学频谱，是复色光通过色散系统进行分光后，按照光的波长大小顺次排列形成的图案，它其中最大的一部分就是人眼可以感知到的可见光谱。

雨后彩虹的形成与棱镜类似，只不过彩虹是把空中的小水滴当作了一个个棱镜。通常，在可见光中，红光的波长最长，折射率最小；紫光的波长最短，折射率最大。因此，太阳光经过小水滴的折射后，紫色光的方向改变最大，红色光的方向改变最小，因此就形成了赤橙黄绿青蓝紫的七色彩虹。不过，在可见光谱的红端和紫端之外，还存在着波长更长的红外线和波长更短的紫外线，它们都无法被肉眼所觉察，但可以通过仪器加以记录。因此，光谱中除了可见光谱外，还包括红外光谱与紫外光谱。

那么，光谱与恒星或星系的观测有什么关系呢？正如我们

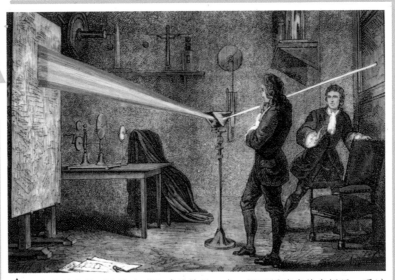

↑ 图为牛顿在做"色散实验"时的情景：在一间四周遮光的房间里，通过一个小孔，引一束阳光进入屋内，并恰好射在预先放好的三棱镜上，使光分解成几种颜色的光谱带，之后再使光谱带通过一块带狭缝的挡板，仅允许一种颜色的光射过并打在第二个三棱镜上，这时穿过第二个三棱镜的光呈现原有的一种颜色。由此，牛顿得出结论，阳光并不是由人们所见的白色组成，而是由组成彩虹的 7 种颜色的光组成的。

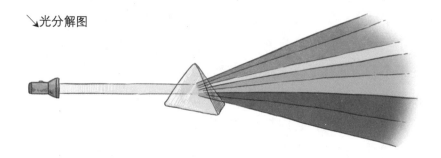

↘光分解图

前面所说，透过望远镜我们只能看到恒星模糊的光点，可如果把望远镜瞄准个别恒星或者星系并且聚焦，却可以观测到恒星或者星系的光谱。一旦观测到恒星或者星系的光谱，就可以确定恒星的温度及大气构成。

通过恒星光谱来确定恒星温度的做法，得益于德国物理学家古斯塔夫·克希霍夫的发现。1860 年，古斯塔夫·克希霍夫意识到，任何物体，如恒星，加热时会发出光或其他辐射，就像煤炭加热时会发光一样。这种炽热物体中的原子的热运动引起的发光，被称为黑体辐射。由于黑体辐射具有一个特殊的形状，这个形状会随着物体的温度而变化，因此能很容易被辨识出来。由此我们可知，炽热物体发射的光其实就像一个温度读数，而我们从不同恒星观测到的光谱就是该恒星热状态的明信片。

确定恒星大气成分的手段，则来自光谱分析。根据物质的光谱来鉴别物质，确定它的化学组成和相对含量的方法叫作光谱分析。我们知道，每种化学元素都会吸收独具特色的一组非常特殊的颜色，而在观测恒星的过程中，天文学家发现了某些非常特定的颜色缺失，这些缺失的颜色会因恒星而变。因此，把化学元素能吸收的特殊颜色和恒星光谱中缺失的颜色相对照，就能确定在该恒星的大气中存在着哪些元素。

多普勒效应

前面我们讲到，斯莱弗观测发现了星系红移，说明星系正在远离我们。而在 20 世纪 20 年代，当天文学家开始观察其他星系中的恒星光谱时，他们也发现了一个奇异的现象：这些星系中存在着与银河系的恒星一样缺失颜色的特征模式，只不过它们都向着光谱的红端移动了同样的相对量。这同样说明，星系都在进行远离我们的运动。那么，这个结论从何而来呢？

要理解红移和星系远离的关系，我们必须先了解多普勒效应。相信很多人有过这样的经历，站在火车站台上的时候，你会听到火车接近或者远离时的声音变化。通常，当火车由远及近地接近站台时，你会感觉火车的汽笛声变得很响亮，音调很高，而当火车由近及远地离开站台时，汽笛声又慢慢变弱，音调越来越低。对此现象，坐在火车中的人通常不会有什么感觉，而站在站台上的人却感觉很明显。人们听到的这种火车音调的变化是怎么回事呢？

1842 年，奥地利数学家多普勒注意到了火车音调变化这个现象，并对此进行了深入的研究。在多普勒看来，人耳听到的火车音调的变化是由于振源与观察者之间存在着相对运动，这种相对运动导致了观察者听到的声音频率不同于振源频率。我们知道，对火车来说，它的汽笛声音就是一个波，包含一连串的波峰和波谷。当火车朝我们开来的时候，随着它发出的每一个连续的波峰，它与我们的距离越来越近，这样波峰之间的距离，也就是声音的波长，就比火车静止时更短，看起来似乎被压缩了。而波长越短，每秒钟到达我们耳朵的波动就越多，声音的音调或者频率就越高，我们就会听到更响亮的汽笛声。与此相对地，当火车离我们而去时，声音的波长就变得较长，看起来似乎被拉长了，到达我们耳朵的波就具有较低的频率，听起来汽笛声就逐渐减弱。

多普勒发现的这个频率移动的现象，就叫作多普勒效应。1845年，荷兰气象学家拜斯·贝洛用实验证实了多普勒效应。当时，他让一对小号手站在一辆从荷兰乌德勒附近疾驰而过的火车上吹奏，他自己则站在火车站台上测量听到的小号音调的改变。结果，他发现在站台上听到的音调是不同的。

在生产生活中，多普勒效应的应用有很多。应用多普勒效应制成的血流仪，能对人体血管中的血流量进行分析；应用多普勒超声波流量计还可以测量工矿企业管道中污水或者有悬浮物的液体的流速；警察利用装有多普勒测速仪的监视器向行进中的车辆发射频率已知的超声波，根据测量到的反射波的频率，就能知道车辆是否超速行驶。

明白了多普勒效应，我们就可以理解红移和蓝移了。其实，除了声波，具有波动性的光也会出现多普勒效应，它又被

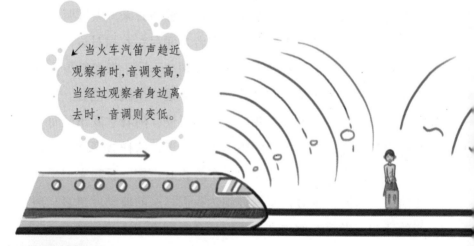

当火车汽笛声趋近观察者时，音调变高，当经过观察者身边离去时，音调则变低。

称为多普勒–斐索效应。而光波与声波的不同之处在于，光波频率的变化使人感觉到的是颜色的变化。因此，通过观测恒星光谱的颜色移动方向，我们就能得出恒星与我们的相对位置变化，即它到底是在接近我们还是远离我们。

越远的星系"逃离"的速度越快

在宇宙学研究中，哈勃定律的发现为现代宇宙学中占据主导地位的宇宙膨胀模型提供了重要的观测证据。

在证实了河外星系的存在之后，哈勃和他的同事继续对星系的距离和光谱进行观测研究。不久后他发现，所有他分析过的星系的光都发生了红移，也就是说，似乎所有的星系都在远离我们。更重要的是，从他们辨认出的造父变星来看，河外星系到地球的距离远远超出了人们的想象，有些竟然达到几十亿光年。当然，哈勃和他的同事也意识到了，由于河外星系发出的光在到达地球之前要行进非常长的时间，因此今天我们观察到的星系其实是它们在遥远的过去的形象，它们事实上已经走过了十分漫长的一段演化之路。在观测中他们发现，有的星系与我们的距离达到了 80 亿光年，而它的光谱红移也远大于其他的星系。这意味着，这些最老和最远的星系，远离我们的速度也最快，远超那些和我们相距较近的星系。

前面我们提到，视向速度是物体或天体朝向观察者视线方向的运动速度，一个物体的光线在视向速度上会受多普勒效应的支配，退行物体的光波长将增加（红移），接近的物体

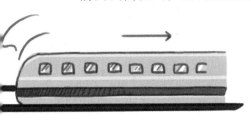

的光波长将降低（蓝移）。在近 10 年的观测之后，哈勃最终发现那些具有很快的视向退行速度的星系到地球的距离与它们的退行速度之间存在着特殊的关系。于是在 1929 年，哈勃和米尔顿·修默生提出了哈勃定律，即河外星系的视向退行速度 v 和距离 d 成正比，用公式表示就是 v=Hd。

哈勃定律也叫作哈勃效应，等式中 v 的单位是千米 / 秒，d 的单位是百万秒差距（秒差距是天文学上的一种长度单位，英文缩写为 pc，1 秒差距约等于 3.26 光年，更长的距离单位有千秒差距 kpc 和百万秒差距 Mpc），H 即为哈勃常数，单位是（千米 / 秒）/ 百万秒差距。2006 年 8 月，来自马歇尔太空飞行中心的研究小组使用美国国家航空航天局的钱卓 X 射线天文台发现的哈勃常数是 77（千米 / 秒）/ 百万秒差距，其中的误差大约是 15%。而到了 2012 年 10 月 3 日，天文学家使用美国宇航局的斯皮策红外空间望远镜精确计算出了哈勃常数，其数值结果为 74.3 ± 2.1（千米 / 秒）/ 百万秒差距。

哈勃定律在天文学上有着广泛的应用，它是测量遥远星系距离的唯一有效方法。通常，只要测量出星系谱线的红移，再换算出退行速度，就能由哈勃定律推算出该星系的距离。不过，在哈勃定律刚提出的时候，它并没有得到世人的承认，因为哈勃只是观测了数千个星系中的 18 个，且这 18 个星系也并非都在远离我们。于是，在助手修默生的帮助下，哈勃开始研究更多、更远的星系，观测它们到地球的距离和退行速度。直到 1936 年，其观测结果证明，星系的退行速度确实与距离成正比，即星系距离我们越远，它们逃离我们的速度就越快。

越远的星系逃离的速度越快！这意味着，宇宙不可能如人们之前设想的那样是静态的，而是时刻处于膨胀之中，即在任何一个时刻，不同星系间的距离都在不断增大。由此，现代宇宙学迎来了20世纪的重大发现：宇宙在膨胀。

膨胀的宇宙

发现宇宙在膨胀，是20世纪最伟大的智力革命之一。

我们有时候会感到奇怪，为何在哈勃定律提出之前，人们丝毫没有意识到宇宙在膨胀。其实，早在牛顿提出万有引力定律的时候，人们就应该意识到，在引力的作用下，一个静态的宇宙很快就会开始收缩。这时，人们完全可以假设一下宇宙并不是处于静止状态，而是正在膨胀。这样一来，如果宇宙膨胀得不是很快，那么引力的作用就会最终导致膨胀停止，并使之开始收缩。但是，如果膨胀的速度超过了某个确定的临界值，而引力的作用又不足以阻止膨胀，那么

↑宇宙在膨胀过程中类似一个逐渐吹大的气球，其表面的星体间的距离随之变大。

宇宙就会一直不断地膨胀下去。这就好比我们在地球表面给火箭点火，如果火箭的速度很慢，引力就会最终使火箭停止运动并开始落回地面，而如果火箭的速度大于某个临界值，引力便无法把它拉回地面，它就会越飞越远脱离地球。

事实上，在 19 世纪、18 世纪，甚至 17 世纪晚期的任何一个时候，人们都可以根据牛顿的引力理论来提出宇宙的上述变化状况。但遗憾的是，人们关于静态宇宙的观念是如此之强烈，以至于直到 20 世纪初期，爱因斯坦在系统地阐明广义相对论的时候，都还深信宇宙只能处于静止状态。为了使静态宇宙成为可能，爱因斯坦甚至对自己的理论进行了修正。他在他的相对论方程式中加入了一个所谓的宇宙常数，以创造一个新的"反引力"之力，使其可以跟宇宙中全部物质的吸引力相平衡，由此得出静态宇宙的结论。

虽然，爱因斯坦宇宙常数的设置无疑是错误的，但它反映的人们对静态宇宙的深信不疑是实实在在的。

其实，我们可以用一个较为形象的例子来理解宇宙膨胀的观念。想象一个膨胀中的气球，在吹气球之前先在气球上画一些任意的点，然后把气球吹起来，气球表面就会开始膨胀。此时，气球上的点与点之间的距离就会越来越大，对每一个点而言，其他点都是离它而去的，且离它越远的点，退行得就越快，即退行速度与距离成正比。

把这种情形应用到宇宙中去，想象我们的宇宙也处于某种形式的膨胀之中，似乎比较容易理解宇宙膨胀的概念。当然，这样一个简单的小模拟是无法解释宇宙膨胀的整个过程的。空间究竟是如何膨胀的、宇宙膨胀过程中都发生了什么，是我们接下来要详细讲述的内容。

2

由密集状态
开始的巨大爆炸

大爆炸理论的证据

对宇宙大爆炸理论看法的改变起决定性作用的，是 1965 年发现的宇宙微波辐射。不过，这一发现颇具戏剧性。

1965 年，位于新泽西州的贝尔实验室设计了一台灵敏度非常高的微波探测器，用来与轨道上的卫星进行通信联系。微波是波长介于红外线和特高频之间的射频电磁波，波长范围为 1 毫米至 1 米。当时，为了检测这台探测器的噪声性能，实验室的两位年轻工程师阿诺·彭齐亚斯和罗伯特·威尔逊将探测器上那个巨大的喇叭形天线对准天空方向进行测量。结果，出乎意料的是，他们竟然接收到了比预期更大的噪声。起初，他们以为那可能是附近的城市噪声，可当他们把天线对准纽约的时候，却没发现任何特别的情况，那说明这种频率的噪声并非来自纽约。之后，他们认真地检查了探测器，发现里面竟然住了一对鸽子，而且有一些鸟粪。可当他们把鸽子送走，并且将鸟粪清除干净之后，他们发现那个明显的噪声依然存在。

接下来，彭齐亚斯和威尔逊就发现，这个噪声非常特别，因为它似乎并不来自某个特定的方向。通常，当探测器倾斜地指向天空时，从大气层里来的任何噪声都应该比原先垂直指向的时候更强，因为从接近地平线的方向接收比直接从头顶方向

←NASA 利用空间探测器——微波各向异性探测器（MAP）研究微波背景辐射，试图找到宇宙加速膨胀的新线索。在 2007 年，欧洲航天总署发射了一个名为普朗克的更为敏感的探测器。

接收，光线要穿过大气多得多。不过，无论探测器朝向哪个方向，这多余的噪声始终一样，因此它肯定来自大气层之外。此外，尽管地球在不断地自转，同时又绕着太阳转动，可在整个一年中，无论白天还是黑夜，这个噪声始终保持不变。这又说明，噪声一定来自太阳系之外，甚至是银河系之外，否则当探测器随着地球的运动而指向不同的方向时，噪声也应该随之发生变化。最终，彭齐亚斯和威尔逊意识到，这个诡异的噪声来自空间的每一个方向，也就是说，它来自宇宙。那么，这个宇宙背景噪声究竟是什么呢？

　　大约在彭齐亚斯和威尔逊研究他们的探测器噪声的同时，在他们附近的普林斯顿大学的两位美国物理学家鲍伯·狄克和詹姆士·皮帕尔斯也对微波产生了兴趣。当时，他们正在研究美国物理学家乔治·伽莫夫的一种设想，即早期的宇宙应该是非常密集和炽热的，并会发出白热的光芒。狄克和皮帕尔斯因此提出，这种光芒现在仍然能被看到，因为从早期宇宙非常遥远的部分发出的光线，现在应该恰好到达地球。不过，由于宇宙在膨胀，这种光线应该发生了很大的红移，现在应表现为微波辐射。

在这种情形下，当狄克和皮帕尔斯听说彭齐亚斯和威尔逊发现了诡异噪声时，他们马上意识到，那一定就是他们要找的、能证实宇宙在膨胀的宇宙微波背景辐射。虽然，彭齐亚斯和威尔逊是无意中发现宇宙微波背景辐射的，但他们还是因此获得了1978年的诺贝尔奖。而这个结果，对于潜心寻找宇宙微波背景辐射的狄克和皮帕尔斯来说，无疑有点儿残酷。

星系远离，说明我们在宇宙的中心吗

现在我们知道，宇宙经历了一个大爆炸。大爆炸发生后，早期宇宙是温度极高、密度极高的均匀气体。之后，随着宇宙不断膨胀，温度逐渐降低，氦生成了，此时宇宙中所有的中子都被锁定在氦原子核中。接下来，在宇宙温度处于3000K以上时，高温中带电荷的粒子运动，吸收、释放光，而光与质子、电子频繁反复地碰撞，因此光无法直线行进。而当宇宙温度持续降低，低到3000K以下时，原子核和电子复合生成了氢原子并放出光。此时，光可以在宇宙中自由传播，也就是说，宇宙对光来说变得透明了，这就使我们能观察到宇宙中最古老的光。这个阶段被叫作"宇宙的放晴"。

在大爆炸发生38万年之后，宇宙的温度下降到大约3000K，此时电子和原子核结合为原子。当然，电子的大量减少无疑会打破宇宙热平衡的状态，导致大爆炸辐射出的射线随着宇宙的膨胀自由地传播出去。之后，在宇宙不断膨胀、温度不断降低的

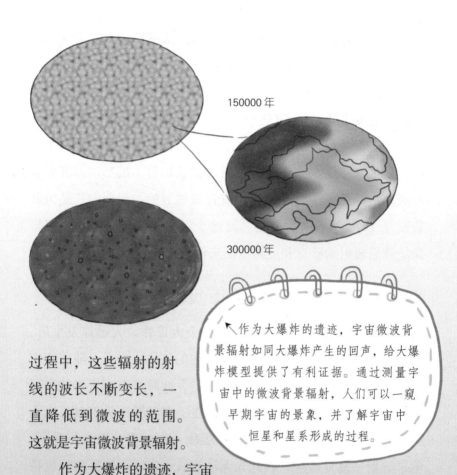

150000 年

300000 年

作为大爆炸的遗迹，宇宙微波背景辐射如同大爆炸产生的回声，给大爆炸模型提供了有利证据。通过测量宇宙中的微波背景辐射，人们可以一窥早期宇宙的景象，并了解宇宙中恒星和星系形成的过程。

过程中，这些辐射的射线的波长不断变长，一直降低到微波的范围。这就是宇宙微波背景辐射。

　　作为大爆炸的遗迹，宇宙微波背景辐射如同大爆炸产生的回声，给大爆炸模型提供了有利证据。通过测量宇宙中的微波背景辐射，人们可以一窥早期宇宙的景象，并了解宇宙中恒星和星系形成的过程。除此之外，宇宙微波背景辐射的发现，还为人们准确地描述我们的宇宙提供了重要参照。

　　让我们回到 1922 年，在哈勃提出著名的哈勃定律之前，俄国宇宙学家弗里德曼就着手研究非静态宇宙。当时，弗里德曼对宇宙作了两个非常简单的假设，即我们无论从哪个方向观察宇宙，也无论在任何地方观察宇宙，宇宙看起来都是一样的。弗里德曼认为，仅从这两个观念出发，我们就能得出宇宙不是静态的结论。

之后的事实证明，弗里德曼的假设是对的，它甚至异常精确地描述了我们的宇宙。而这个证明，就来自彭齐亚斯和威尔逊的发现。

彭齐亚斯和威尔逊发现的天外诡异噪声，就是宇宙微波背景辐射，最重要的是，这些来自宇宙的噪声在任何方向上都是一样的。这无疑是对弗里德曼假设的印证，即宇宙在任何方向看起来都是一样的。如此一来，我们在宇宙中的位置似乎很特殊。而在此基础上，哈勃的观测又证明了所有的星系都在远离我们。这一切似乎都说明了一个事实，即我们必须处在宇宙的中心。

那么，我们到底是否处于宇宙的中心呢？

空间到底是怎样膨胀的

哈勃定律和弗里德曼的模型都描述了宇宙膨胀、星系远离的景象，那么，空间到底是怎样膨胀的呢？

前面以一个膨胀中的气球为例来描述宇宙膨胀的观念。现在，让我们以变大的球面上的蚂蚁为例，来更好地阐释空间的膨胀。

为便于理解，我们需要将球面换成一根可以被无限拉长的线。现在，想象在这条线上每隔 10 厘米放一只小蚂蚁，然后将线均匀地拉长 1 倍。此时，虽然线上的蚂蚁没有动，但相邻蚂蚁间的距离却变成了 20 厘米。此外，距离变化后，相邻蚂蚁之间相对远离的速度也发生了变化。试想，如果线在 1 秒钟之内伸长为前 1 秒的 2 倍，那么开始相距 10 厘米的蚂蚁 1 秒钟之后就会相距 20 厘米，而假设此时它们相对远离的速度是每秒 10 厘米的话，那么等它们之间的距离从 20 厘米变为 40 厘米时，它们相对远离的速度也会随之变成每秒 20 厘米。

当然，宇宙中星系间的距离要比蚂蚁间的距离大得多。理解了蚂蚁远离的情况之后，现在我们把宇宙假设为一个三维的立方体，每个边长都是 1000 万光年。此时，在这个立方体的长、宽、高三边上每隔 100 万光年放一个星系，每一边共放 10 个星系，那么整个立方体中就含有大约 1000 个星系。

以以上模型为例，空间膨胀的概念，就是指立方体中含有的星系个数不变，而立方体的体积变大。这样一来，当宇宙是现在的 1/1000 大小时，立方体的边长就变成 100 万光年，星系间隔就是 10 万光年；当宇宙是现在的 1/8 大小时，立方体边长就是 500 万光年，而星系间隔是 50 万光年。依此类推，一直朝着过去追溯，星系会越来越集中，密度越来越高，最终所有的星系都重叠在一起，此时宇宙的体积为零。当然，把这个过程翻转过来，让宇宙体积由零开始扩大成立方体，并一直扩大，就是空间膨胀的过程，即加速、加速、再加速。

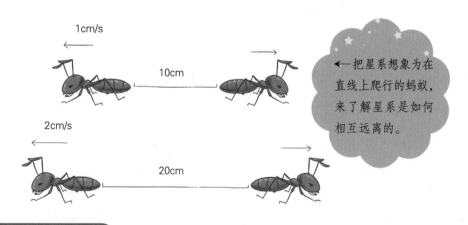

1cm/s

10cm

2cm/s

20cm

←把星系想象为在直线上爬行的蚂蚁，来了解星系是如何相互远离的。

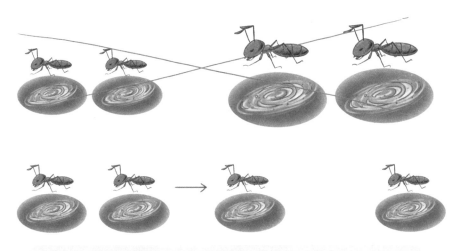

↑ 宇宙的膨胀并非指星系变大，而是指星系之间的距离变大。

　　当然，由于空间膨胀毕竟是我们未曾亲眼看到的景象，所以一开始很多人把它理解为星系的扩大。实际上，所谓的空间膨胀是星系间距离的增大，而不是各个星系规模的扩大。在空间膨胀中，星系的大小丝毫不会产生变化，星系中恒星之间的距离也不会因宇宙膨胀而改变。膨胀过程中，星系中为数众多的恒星相互之间的引力刚好抵消，因此星系会依然保持原来的形态。

　　当然，凡事并不绝对，并非所有的星系都在高速远离。例如，银河系和仙女座星系就正以每秒 200 千米的速度相互靠近着。事实上，在很多星系集中的区域，有时候星系之间的引力会起更大作用，导致星系间相互靠近的速度大于宇宙正在膨胀的速度，由此形成相互靠近的现象。所以说，哈勃定律并不适用于所有地方。

宇宙会永远膨胀下去吗？

　　究竟哪一种弗里德曼模型可以描述我们的宇宙？对这个问题，最基础的分析来自两个数据：宇宙现在的膨胀速率和宇宙现在的平均密度（宇宙在空间的给定体积内的物质的量）。

一般认为，宇宙现在的膨胀率越大，停止它所需要的引力就越大，所需要的物质密度也就越大。因此，如果宇宙的平均密度比某个由膨胀率所确定的临界值还大，那么物质的引力就会成功地阻止宇宙继续膨胀并使之开始坍缩，这是第一类弗里德曼模型；如果宇宙的平均密度比这个临界值小，物质的引力就不足以阻止宇宙膨胀，宇宙就将永远膨胀下去，这对应着第二类弗里德曼模型；最后，如果宇宙的平均密度刚好等于临界值，那么宇宙将永远处于减缓膨胀的状态，但永远都不会达到一个静态的尺度，这是弗里德曼的第三个模型。我们的宇宙，到底处于哪种状态呢？

利用多普勒效应，我们可以测量其他星系远离我们的速度，进而确定出宇宙的膨胀率。从理论上来说，这很容易做到。但实际上，由于星系的距离只能通过间接的途径来测定，所以测定出的结果并不精确。所以，我们现在只是知道，宇宙正以每10亿年5% ~ 10%的速率膨胀着。

与此同时，我们关于宇宙平均密度的测定不确定性更大。目前，就算我们把银河系和其他星系中能看到的所有恒星质量都加起来，并对膨胀率取最低的估计值，宇宙的质量仍然不及使宇宙膨胀停止所需质量的1%。这个差距实在不是一般地小。

当然，以上并不是最终结果，关于宇宙质量，还存在很多神秘物质。研究显示，在我们的星系和其他星系中，包含着大量"暗物质"，由于它对星系中恒星轨道的引力，我们虽然观察不到它但能肯定它的存在。要知道，在像银河系这样的旋涡星系外围，有很多恒星都在围绕着它们的星系公转，这些恒星的公转速度太快以至于已经超出了能看到的星系恒星的引力吸引。

所以，一定存在其他物质引力将其约束在轨道上，这些物质可能就是"暗物质"。事实上，目前科学界认为，宇宙中暗物质的总量远远超过了正常物质的总量，一旦我们将所有这些暗物质都加起来，宇宙质量大约能达到阻止膨胀所需物质量的 1/10。

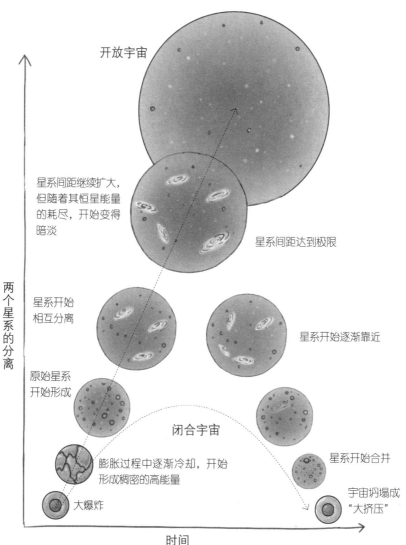

开放宇宙

星系间距继续扩大，
但随着其恒星能量
的耗尽，开始变得
暗淡

星系间距达到极限

两个星系的分离

星系开始
相互分离

星系开始逐渐靠近

原始星系
开始形成

闭合宇宙

膨胀过程中逐渐冷却，开始
形成稠密的高能量

星系开始合并

大爆炸

宇宙坍塌成
"大挤压"

时间

3

大爆炸或者时间，
有一个开端

暗物质和暗能量

　　宇宙是由什么物质组成的？在地球上抬头仰望夜空，除了看到大片闪亮的星星，我们看不到其他东西，整个宇宙看起来似乎空荡荡的。那么，看似空荡荡的宇宙中究竟包含了哪些物质呢？

　　宇宙中存在着数以千计像太阳一样的恒星，它们的大小、密度各不相同，有红巨星、超巨星、中子星、造父变星、白矮星、超新星等。在宇宙空间中，这些恒星常常聚集成双星或者三五成群的聚星，之后再组成星系、星系团。此外，以弥漫形式存在的星际物质，如星际气体和尘埃等，高度密集之后会形成形状各异的星云。除了这些能发出可见光的恒星、星云等天体，宇宙中还存在着紫外天体、红外天体、X 射线源、γ 射线源及射电源等。

　　以上我们认知的宇宙部分，包括恒星、行星和星系等物质，大约只占到了宇宙总质量的 4%。那么，宇宙组成中剩下的96% 的神秘物质又是什么呢？天文学家认为，其中 23% 是暗物质，而剩下的 73% 则是一种能导致宇宙加速膨胀的暗能量。

　　在宇宙学中，暗物质又被称为暗质，是指无法通过电磁波观测进行研究，即不与电磁力产生作用的物质。暗物质无法通过直接观测得到，但它能干扰星体发出的光波或引力，因此它的存在能被明显地感觉到。

20 世纪 30 年代，暗物质存在的证据第一次被发现。当时，瑞士天文学家弗里兹·扎维奇在研究星系时发现，大型星系团中的星系具有非常高的运动速度。他推测，除非星系团的质量是根据其中恒星数计算所得到值的 100 倍以上，否则星系团的引力根本无法束缚住这些星系。

20 世纪 50 年代，天文学家在推算银河系的质量时发现，他们得到的数值要远大于通过光学望远镜发现的所有发光天体的质量之和。由此，他们推断，银河系中存在着此前人类没有发现的物质，并将其命名为"暗物质"。2006 年，美国天文学家使用钱德拉 X 射线望远镜对星系团 1E 0657–558 进行观测时，无意中观测到了星系碰撞的过程，其过程如此之猛烈以至于其中的暗物质与正常物质产生了分离。由此，人们终于发现了暗物质存在的直接证据。

对宇宙整体的研究表明，星际空间深处隐藏着比我们想象的多得多的暗物质，其总质量可达到可见物质的 10 ~ 100 倍。目前，科学家认为，暗物质很有可能是由一种或者几种粒子物质标准模型外的新粒子所构成的物质，它的存在对宇宙结构的形成非常关键。

前面我们讲过，观测显示宇宙正在加速膨胀，而导致宇宙加速膨胀的原因，可能就是暗能量。在物理宇宙中，暗能量被认为是一种不可见的、能推动宇宙运动的能量，宇宙中所有恒星和行星的运动都是由暗能量和万有引力推动的。支持暗能量的证据主要有两个：一是观测表明宇宙在加速膨胀，二是根据爱因斯坦方程。加速膨胀的现象能推论出宇宙中存在着压强为负的暗能量，所以，在对宇宙加速膨胀的观测结果的解释中，暗能量假说是最流行的一种。而在宇宙标准模型中，暗能量占了宇宙 73% 的质能。

暗物质和暗能量被认为是宇宙学研究中最具挑战性的课题，它们共同占据了宇宙中 90% 以上的物质含量。目前，对暗物质和暗能量的研究是现代宇宙学和粒子物理的重要课题。在不久的将来，或许我们就能弄清楚它们到底是什么以及是由什么组成的。

热寂说和大坍塌

关于宇宙的极端命运，我们可以做两种预言：一是继续膨胀直至热寂，二是大坍塌。

热寂理论是猜想宇宙终极命运的一种假说，最早由爱尔兰物理学家威廉·汤姆森于 1850 年推导出。19 世纪，在提出了热力学第二定律和熵增加原理后，德国物理学家克劳修斯于 1867 年提出了热寂说。

熵指的是体系的混乱程度，用来表示任何一种能量在空间中分布的均匀程度，通常能量分布得越均匀，熵就越大。根据热力学第二定律，作为一个孤立的系统，宇宙的熵会随着时间的流逝而增加，也就是从有序变为无序，逐渐趋向最大值。熵的总值永远只能增大不能减少。当宇宙的熵达到最大值时，宇宙中其他有效的能量就已经随着时间的流逝，全部转化成了热能，所有的物质温度也就达到了热平衡。由于引力波和引力扰动的影响，行星逐渐脱离它们的原始轨道。此时，宇宙会停止变化，呈现一种死寂的永恒状态，这种状态就是热寂。

热寂说的支持者认为，按照开放的宇宙理论，宇宙物质的引力不足以使膨胀停止，但会消耗宇宙的能量，导致宇宙慢慢地走向衰亡。随着时间的流逝，在引力波和引力扰动的影响下，行星会逐渐脱离它们的原始轨道，随后，同样因为引力波和引力扰动的影响，星系中的恒星和恒星残骸也开始脱离它们的原始轨道，只留下一些分散的恒星残骸及超大质量的黑洞。

闭合宇宙

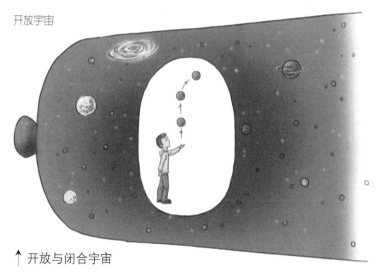

开放宇宙

↑ 开放与闭合宇宙

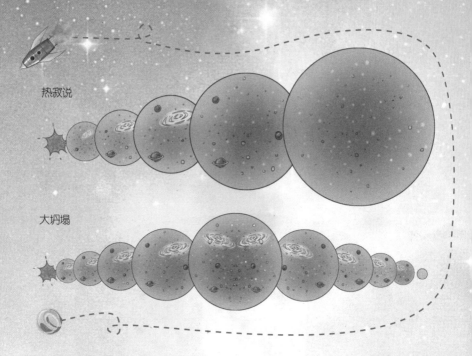

热寂说

大坍塌

　　接着，黑洞也会通过霍金辐射的形式缓慢地蒸发。当所有的黑洞都蒸发完毕，宇宙中所有的物质都将衰变为光子和轻子，宇宙进入低能状态，变得寒冷、荒凉且空虚。一种假设认为，宇宙将会永远停留在这种状态，进入真正意义上的热寂状态，但这之后宇宙是否还会有变化、将如何变化，我们不得而知。

　　当然，由于宇宙热寂说仅仅是一种可能的猜想，并没有任何事实证据支持该学说的正确性，所以上述过程也仅仅是假设之下的推测。

　　我们已经知道，牵制宇宙膨胀的万有引力的大小，取决于宇宙物质的量。当宇宙物质的量大于临界质量时，万有引力就会使宇宙膨胀的速度变慢，并最终变为零。这个过程，其实就是宇宙从膨胀变为收缩的过程，也就是大坍塌。在经过了从膨胀到收缩的转折点后，宇宙的体积就开始缩小，起初收缩的过程很慢，但随后就越来越快。最终，引力成为占据绝对优势的作用力，将物质和空间都碾得粉碎。此时，宇宙中所有的物质都将不复存在，一切曾经存在的东西，甚至时间和空间本身，都完全被消灭掉，只留下一个时空奇点。

按照大坍塌理论，宇宙的历史就是从大爆炸开始，到大坍塌终结。大爆炸过程中，由于引力的作用，物质出现了，生命出现了，并最终出现了人类。不过，这些只不过是宇宙漫长演化过程中极其短暂的一瞬间。当坍塌来临，于大爆炸中诞生的宇宙，又将重归于无。

宇宙最终会归于死寂还是成为一点，这是未来很长一段时期内科学家们研究的课题。

大爆炸的奇点

时间有开端吗？多数人不喜欢这个观点，因为它看起来充满了神干涉的意味。当然，这个观点得到了天主教会的支持，他们曾正式宣告时间有开端的观点和《圣经》非常和谐。那么，时间是否有开端呢？

根据弗里德曼模型，我们会发现，三种弗里德曼模型具有一个共同的特点，即在过去的某个时刻，100亿年到200亿年之前，相邻星系间的距离一定是零。在这个被我们称为大爆炸的时刻，宇宙的密度和时空曲率是无限大的。可实际上，数学是不能真正处理无限大的数的，所以弗里德曼模型所依赖的基础即广义相对论就预言，宇宙中存在一个点，在这里理论本身会崩溃。这个点，就是我们所说的奇点。

一个明显的事实是，我们所有的科学理论体系之所以能形成，就是因为假设宇宙是平滑且几乎平直的。而在大爆炸奇点处，时空的曲率是无穷大的，所以在那个时刻，这些理论统统都不能成立。这就意味着，就算在大爆炸之前确实有事件出现，我们也无法凭借它们来推断其后会出现什么情况，因为我们凭借理论施展的可预见性在大爆炸处崩溃了。

同样的道理，就算我们知道了大爆炸以后发生的事情，我们也无法推断大爆炸之前发生过什么。对我们来说，知道大爆炸之前的事情是没有任何效果的，它们不应该成为科学宇宙模

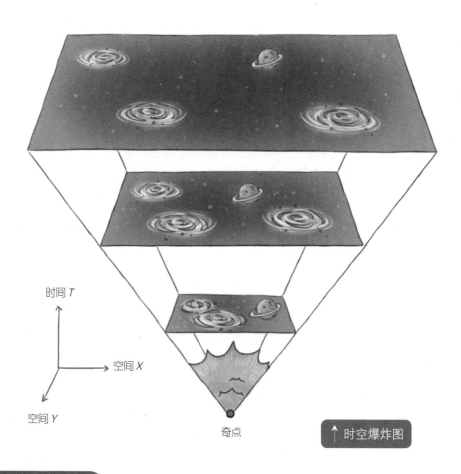

时间 T

空间 X

空间 Y

奇点

↑ 时空爆炸图

型的一部分。所以，在构建宇宙模型的过程中，我们应该将其剔除，并宣称时间是从大爆炸处开始的。

事实上，在弗里德曼提出自己的宇宙膨胀模型后不久的1927年，比利时天文学家勒梅特首次提出了现代大爆炸假说，他当时称它为"原生原子的假说"。根据爱因斯坦的广义相对论和弗里德曼的膨胀模型，勒梅特认为，如果宇宙确实在膨胀且膨胀力稍微强于引力，宇宙就会继续膨胀下去，那么将来的宇宙就会占用比今天的宇宙更大的空间尺度。据此，勒梅特分析，过去的宇宙应该比今天的宇宙占用更小的空间尺度。所以，如果把时间不断地上溯，越早期的宇宙就越小，而一定存在一个足够早的时刻，宇宙在那时处于它最小的状态。

由此，勒梅特提出，宇宙有一个起始之点，或者说宇宙开始于一个小的原始"超原子"的灾变性爆炸。最开始，宇宙挤在一个"宇宙蛋"中，这个"宇宙蛋"容纳了宇宙中的所有物质。之后，一场"超原子"的突变性爆炸将"宇宙蛋"炸开，再经过几十亿年的时间，最终形成了现在还在不断退行的星系。

勒梅特提出的宇宙"起始之点"正是教会苦苦寻找的上帝创世的时刻。按照他的大爆炸模型，上帝在创世的最初时期创造了一个"原始原子"，之后它不断长大，膨胀起来，仿佛一棵小树长成了一棵参天大树。这个理论，后来经过美国物理学家乔治·伽莫夫的修改，成为宇宙论中占据主导地位的理论。

从弗里德曼和勒梅特的宇宙模型来看，宇宙似乎确实存在一个创生时刻，也就是大爆炸奇点。不过，很多人并不喜欢这种时间有一个起点的观念。为了回避这一问题，他们做了诸多尝试，这其中，稳恒态宇宙理论得到了最广泛的支持。

稳恒态宇宙模型

1948 年，三位学者赫尔曼·邦迪、托马斯·戈尔德和弗雷德·霍伊尔共同提出了稳恒态宇宙模型。该模型指出，随着星系彼此分离得越来越快，新的物质会连续不断地被创生出来，一些新的星系会在原有星系之间的空隙中不断形成。因此，在空间的任何位置，或者就不同的时间来看，宇宙的形态大体上都是相同的。

稳恒态宇宙模型的基础是"完全宇宙学原理"。该原理认为，既然时空是统一的，那么天体的大尺度分布不仅应该在空间上是均匀分布和各向同性的，在时间上也应该是永恒不变的。所以，无论在任何时代、任何位置上观察宇宙，观测者看到的宇宙图像在大尺度上都应该是一样的。根据这一原理，宇宙间物质的分布不但在空间上是常数，在时间上也是固定的，不会随时间的变化而变化。

根据膨胀理论，宇宙空间的膨胀在时间和空间上都是均匀的。当空间膨胀时，星系之间的距离会增大，分布状况会变稀疏。此时，若要保持密度不变，也就是满足稳恒态宇宙模型所说的不随时间而变化，就必须有新的星系来填补因为宇宙膨胀而增大的空间。

由此，稳恒态宇宙模型认为，从无限久远的过去开始，宇宙中的各处就不断有新的物质被创造出来，以填补宇宙膨胀所产生的空间。这种状态一直延续至今，并且会继续延续下去。

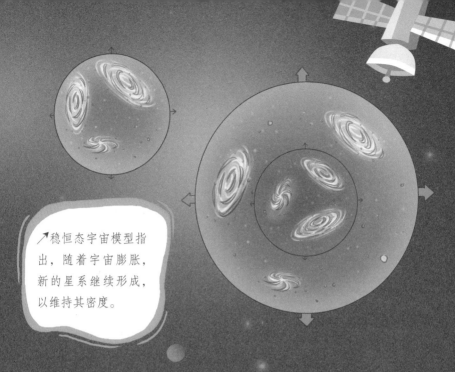

稳恒态宇宙模型指出，随着宇宙膨胀，新的星系继续形成，以维持其密度。

此外，稳恒态宇宙模型的支持者还计算得出了新物质的创生速率，其结果是大约每 100 亿年在 1 立方米的体积内会创生 1 个原子。

稳恒态宇宙模型是一种非常吸引人的科学理论，由它能得出一些明确的、可通过观测来加以检验的预言。例如，无论何时观察宇宙，也无论从宇宙的哪个位置来观测宇宙，宇宙任意给定空间体积中所看到的星系或者同一级天体的个数都是相同的。

稳恒态宇宙模型的提出，为无神论者找到了一个很好的途径，使他们得以继续相信宇宙中万事万物的存在并不需要一个创世时刻或者勒梅特的原始原子。这从本质上反映了多数人依然很难接受时间有开端的说法。不过，之后的事实证明，稳恒态宇宙模型并不如大爆炸模型更接近真相。

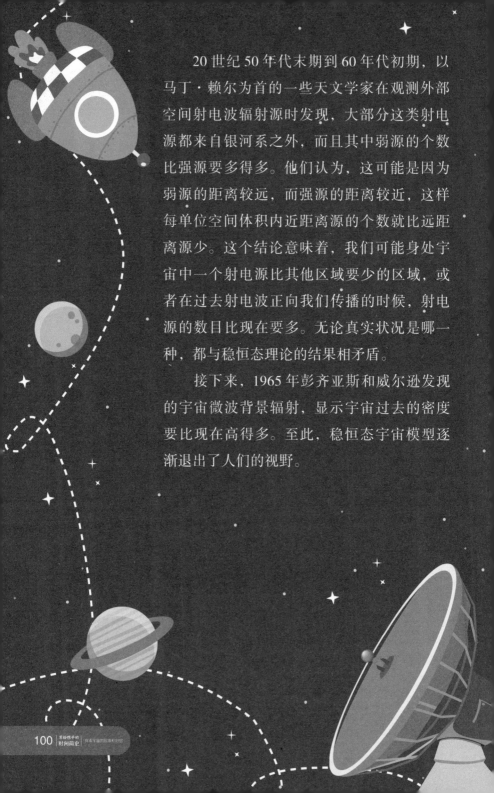

　　20 世纪 50 年代末期到 60 年代初期,以马丁·赖尔为首的一些天文学家在观测外部空间射电波辐射源时发现,大部分这类射电源都来自银河系之外,而且其中弱源的个数比强源要多得多。他们认为,这可能是因为弱源的距离较远,而强源的距离较近,这样每单位空间体积内近距离源的个数就比远距离源少。这个结论意味着,我们可能身处宇宙中一个射电源比其他区域要少的区域,或者在过去射电波正向我们传播的时候,射电源的数目比现在要多。无论真实状况是哪一种,都与稳恒态理论的结果相矛盾。

　　接下来,1965 年彭齐亚斯和威尔逊发现的宇宙微波背景辐射,显示宇宙过去的密度要比现在高得多。至此,稳恒态宇宙模型逐渐退出了人们的视野。

四

黑洞和
时间旅行

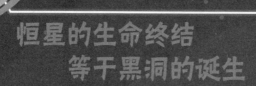

恒星的生命终结 等于黑洞的诞生

黑洞——捕获光线的终极恒星

1969 年，美国科学家约翰·惠勒于一项学术会议中率先提出"黑洞"一词，以取代从前的"引力完全坍缩的星球"这一说法。而之所以叫"黑洞"，就是因为连光都会被这样的恒星所捕获。事实上，这个名字本身也使黑洞进入了科学幻想的神秘王国。另外，为原先没有满意名字的某种东西提供确切的名字也激发了科学家们科学研究的热情，使人们开始热衷于黑洞研究。由此可见，一个好名字在科学研究中也起着重要的作用。

早在 1783 年时，剑桥的学监约翰·米歇尔就在一家颇有影响力的学术周刊上发表了一篇文章。他指出，一个质量足够大且密度足够大的恒星会有非常强大的引力场，以至于连光线都无法逃逸！任何从该恒星表面发出的光，在还没有到达远处时便会被恒星的引力吸引回来。米歇尔还认为，虽然我们无法用肉眼看到这些恒星上的光，但我们依旧可以感受到它们的存在。

假设你在地球表面向着天空发射一枚导弹，由于引力的原因，这枚导弹无论能飞翔多久，终将落向地面。而由于光的波粒二象性，光既可以被认为是波，也可以被认为是粒子。在光的波动说中，人们并不清楚光对引力如何响应，但如果光是由粒子组成的，人们则可以预料，光也会和导弹一样受到引力的作用。人们起先以为，光粒子是无限快地运动的，所以引力不可能使之缓慢下来，但是后来科学家研究发现，引力对光也有影响。

不过事实上，将光线比作炮弹似乎有一些不合适：从地面发射上天的炮弹将被减速，除非它的速度能达到逃逸速度，否则便会减速直到为零并停止上升，然后折回地面。但我们都知道的是，一个光子必须以不变的光速继续向上，这个矛盾如何解释呢？

直到 1915 年爱因斯坦提出了广义相对论，我们才有了引力影响光的协调理论。而到 1939 年，年轻的美国人罗伯特·奥本海默的研究结果圆满地解决了这个矛盾。

根据广义相对论，空间和时间一起被认为形成了称作时空的四维空间。这个空间不是平坦的，它被在它当中的物质和能量所畸变或者弯曲。

由于恒星的引力场改变了光线通过时空的路径，使之和原先没有恒星情况下的路径不一样，因此在恒星表面附近，光线在空间和时间中的轨道稍微向内弯曲。随着恒星收缩，它变得更加密集，这样在它的表面上引力场会变得更加强大。我们可以认为引力场是从恒星的中心点发出来的，随着恒星收缩，它表面上的点就会越来越靠近中心，这样使它们感受到更强大的场。越强大的场使在表面附近的光线路径

↑ 黑洞

向内弯曲得越明显，最终，当恒星收缩到某一个临界半径的时候，表面上的引力场会变得非常强大，甚至将光线路径向内弯曲得非常厉害，以至于光不能再逃逸。

根据相对性理论，没有物体的运动速度能超过光速。这样，如果光都逃逸不出去，那么就没有任何其他物体可以逃逸，所以物体都会被引力场给拉回去。这样一来，坍塌的恒星便会形成一个围绕它的时空区域，任何物体都不可能逃逸而使得远处的观察者能观测到。这个区域就形成了黑洞。

今天，多谢哈勃空间望远镜和其他专注于 X 射线和 γ 射线而非可见光的其他望远镜，让我们知道黑洞乃是普遍现象——比人们原先以为的要普遍得多。一颗卫星只在一个小天区里就发现了多达 1500 个黑洞。我们还在我们所处星系的中心发现了一个黑洞，其质量比 100 万个太阳的质量还要大。

恒星的最终命运

爱因斯坦的广义相对论是用于描述宇宙演化的神奇理论。在经典广义相对论的框架里，霍金和英国科学家彭罗斯证明了，在很一般的条件下（也就是不需要特定条件），空间－时间一定存在奇点。在奇点处，所有定律以及可预见性都失效。著名的奇点即黑洞中的奇点以及宇宙大爆炸处的奇点。

奇点可以看成空间时间的边缘或边界。只有给定了奇点处的边界条件，才能由爱因斯坦方程得到宇宙的演化。由于边界条件只能由宇宙外的造物主所给定，所以宇宙的命运就操纵在造物主的手中。这就是从牛顿时代起一直困扰人类智慧的第一推动力的问题。

因此，我们谈到质量比钱德拉塞卡极限还大的恒星在耗尽其燃料时，会出现一个问题：在某种情形下，为使自己的质量减少到极限之下而避免引起灾难性的引力坍缩，这些恒星可能会爆炸或抛出足够的物质。这看起来非常令人难以置信，因为不管恒星有多大，这个情形似乎都会发生。可是，我们怎么知道它必须损失重量呢？或者说，就算恒星可以设法失去足够多的重量以避免坍缩，那如果给白矮星和中子星加上足够多的质量，它们会怎么变化呢？会坍缩到无限密度吗？看起来，继续坍缩的结果似乎最终会形成一个点，即恒星最终会坍缩成一个点。然而，这样一个结果太过匪夷所思，以至于很多人拒绝相信，其中就包括昌德拉塞卡的老师爱丁顿。在爱丁顿看来，一颗恒星是绝不可能坍缩成一点的。而大科学家爱因斯坦也对此写了一篇论文，宣布恒星的体积不会收缩为零。这些外界的压力和否定动摇了钱德拉塞卡继续研究的决心，于是他只能放弃这

当太阳在大约 45 亿年的时间后耗尽其核心的氢燃料时，核聚变开始在包围其惰性氦内核的外壳上发生。这时，太阳将膨胀为红巨星，吞没水星、金星，最后是地球和月球。

方面的工作转而研究其他天文学问题。不过，真正有价值的工作是经得起时间考验的。1983年，钱德拉塞卡被授予诺贝尔物理学奖，其原因或多或少都与他早年所做的关于冷恒星的质量极限的工作有关。

钱德拉塞卡曾专门指出，不相容原理事实上并不能够阻止质量大于钱德拉塞卡极限的恒星发生坍缩。那么，根据广义相对论，这样的恒星又会发生什么情况呢？这个问题一度被搁浅，直到1939年年轻的美国人罗伯特·奥本海默首次解决了它。不过，奥本海默的研究成果非常富有戏剧性——他所获得的结果竟然表明，用当时的望远镜去检测是不会再有任何观测结果的。这样的情形再加上"二战"的到来，促使奥本海默投入紧张而密集的原子弹计划中，无暇再顾及这个问题。而"二战"之后，多数科学家都被原子和原子核尺度的问题所吸引，不再关注这个引力坍缩的问题。于是，这一问题就慢慢被遗忘了。然而，问题迟早是问题。在20世纪60年代，现代技术的应用使天文观测的范围和数量都大大增加，重新激起了人们对天文学和宇宙学大尺度问题的兴趣。于是，奥本海默曾经的研究工作开始被重视，并被重新发现和推广，而引力坍缩问题也再次登上物理学的舞台。

黑洞的形成

在奥本海默发现的基础上，我们可以以一个实际的例子来理解黑洞的形成。在此之前，需要提醒你的是，如果你有幸观察一个恒星坍缩并形成黑洞，为了理解你所看到的情况，你必须记得在相对论中没有绝对时间，也就是说每个观测者都有自己

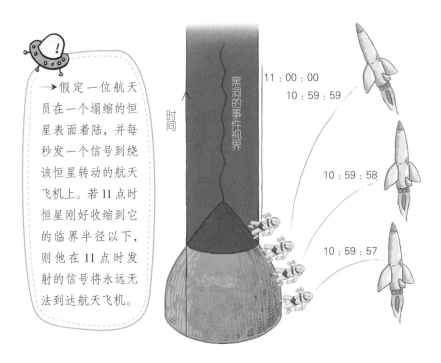

→ 假定一位航天员在一个塌缩的恒星表面着陆，并每秒发一个信号到绕该恒星转动的航天飞机上。若11点时恒星刚好收缩到它的临界半径以下，则他在11点时发射的信号将永远无法到达航天飞机。

时间

黑洞的事件视界

11：00：00
10：59：59
10：59：58
10：59：57

的时间测量。我们知道，引力会使时间变得缓慢，并且引力越强，这个效应也就越大。因此，在恒星引力场的影响下，在恒星上的某个人的时间将和在远处另外一个人的时间完全不同。

让我们假设有一个大无畏的、愿意为了科学而献身的航天员成为我们的试验品。现在，这个航天员正身处恒星表面与恒星一起坍缩。假设我们已经达成共识，航天员会根据自己的表每一秒钟发射一个信号到一个绕着该恒星转动的空间飞船上去。然而由于坍塌恒星的巨大引力，这个航天员比绕着恒星转动的空间飞船上的同伴处于更强的引力场中，这样对他来说，1秒钟会比他同伴的1秒钟更长久。并且伴随着恒星的坍塌，这种感觉将会越来越明显，而那些在宇宙飞船里的伙伴则会觉得，这个宇航员传回的信号越来越慢，这一串信号的时间间隔越变越长。对此，我们再次假设在航天员手表显示 11 点时，恒星刚好收缩到它的临界半径以下。这时候，引力场已经强大到没有任何东西可以从中逃逸，也就是说他的信号再也无法从恒星表面传到空间飞船上了。于是，随着 11 点的临近，在空间飞船上的伙伴们会发现，从航天员那里传来的信号间隔时间越来越长。然而，这个效应在 10 点 59 分 59 秒之前是非常微小的。确切地说，在收到 10 点 59 分 58 秒和 10 点 59 分 59 秒发出的两个信号之间，他们只需等待比 1 秒钟稍长一点的时间。但是，接下来他们必须为 11 点发出的信号等待无限长的时间。根据航天员的手表，光波在 10 点 59 分 59 秒和 11 点之间由恒星表面发出，而从空间飞船上看，那光波被散开到无限长的时间间隔里。当宇航员的手表到达 11 点钟时，恒星刚好收缩到它的临界半径，此时引力场强到没有任何东西可以逃逸出去，他的信号也就再也不能传到空间飞船了。

　　作为观察者的你，也许并不能知晓宇航员们之间的信息，但接下来的一幕将让你瞠目结舌——你会惊悚地发现这个宇航员会被渐渐拉成意大利面条那样，然后被撕裂成两半！

　　要知道，你离开恒星越远则引力越弱，由于你脚部比头部离地球中心近 1—2 米，所以作用在你脚上的引力比作用到你头上的大。地球上的我们自然体会不到如此大的差别，但是对于这个身处坍塌恒星表面的宇航员来说，问题就没这么简单了。事实上，当这个宇航员没到达临界半径时，他不会有任何异样的感觉，甚至在到达"永不回返"的那一点时，他都不会注意到。然而，当坍缩继续，几个小时之内，作用到航天员头上和脚上的引力之差就会变得极其大，以至于将其撕裂。

被撕裂的航天员可以"循环再生"

　　黑洞辐射依赖于 20 世纪两个伟大理论，即广义相对论和量子力学所做的共同预言的第一个例子，因为它推翻了已有的观点，所以一开始就引起了许多反对。"黑洞怎么会辐射东西出来？"当霍金在牛津附近的卢瑟福 – 阿普顿实验室的一次会议上，第一次宣布自己的计算结果时，他受到了普遍质疑。甚至当霍金演讲结束后，会议主席、伦敦国王学院的约翰·泰勒宣布这一切都是毫无意义的，他甚至为此写了一篇论文。

　　不过，事实是不以人们的主观意志而转移的。最终包括约翰·泰勒在内的大部分人都得出结论：如果我们关于广义相对论和量子力学的其他观点是正确的，黑洞就必须像热体那样辐射。这样，虽然我们还不能找到一个太初黑洞，但是如果找到的话，大家都认为它必须正在发射出大量的 γ 射线和 X 射线。霍金笑言，如果确实找到一个这样的黑洞，将肯定获得诺贝尔奖。

黑洞辐射的存在意味着，引力坍缩不像我们曾经认为的那样是最终的、不可逆转的。如果一个航天员落到黑洞中去，黑洞的质量将增加，但是最终这额外质量的等效能量会以辐射的形式回到宇宙中去。

　　这样，此航天员在某种意义上被"再循环"了。然而，这是一种非常可怜的"永生"：当他在黑洞里被撕开时，他任何个人的时间概念几乎可以肯定都到达了终点，甚至最终从黑洞辐射出来的粒子的种类都和构成此航天员的不同——此航天员所遗留下来的仅有特征是他的质量或能量。

　　霍金用以推导黑洞辐射的近似算法在黑洞的质量大于几分之一克时颇有效果，但是，当黑洞在它的生命晚期，质量变得非常小时，这近似就失效了。最可能的结果看来是，它至少从宇宙的我们这一区域消失了，带走了航天员和可能在它里面的任何奇点（如果其中确有一个奇点的话）。这可以算得上是一个可能，说明量子力学有可能回避经典广义相对论所预言的奇点。不过，霍金和其他人在1974年所用的方法不能回答诸如量子引力论中是否会发生奇点的问题。

　　所以，从1975年以来，霍金根据理查德·费曼对于历史求和的思想，开始发展一种更有效的途径来研究量子引力，这种方法对宇宙的开端和终结，以及其中诸如航天员之类的存在物给出了答案。虽然不确定性原理对于我们所有预言的准确性都加上了限制，但是它却可以排除发生在空间－时间奇点处基本的不可预言性。宇宙的状态及其所含种种内容，包括我们自身在内，在达到测不准原理设定的极限之前，完全由物理学定律所决定。

2 检测黑洞犹如
在煤库里找黑猫

黑洞的边界：事件视界

英国科学家罗杰·彭罗斯和霍金于 1965—1970 年在经典广义相对论的框架里证明了，在很一般的条件下，空间 - 时间一定存在奇点，著名的奇点即黑洞中的奇点以及宇宙大爆炸处的奇点。

根据目前的黑洞理论，黑洞中心存在一个密度与质量无限大的奇点，所以要定义黑洞，必须先定义奇点。

借用爱因斯坦的橡皮膜类比，假如一个物体的能量或者质量足够大，它就会将橡皮膜刺出一个洞，而这个洞很可能就是所说的奇点。

其实从本质上来说，黑洞中心的奇点和大爆炸奇点相当类似，只不过它是一个坍缩物体和航天员的时间终点而已。我们已知，在此奇点处，一切科学定律和我们预言的将来的能力都将失效。然而，对任何留在黑洞之外的观察者来说，这一影响显得无足轻重，因为从奇点出发的无论是光还是任何其他信号都不能到达他那儿。这样一个令人惊奇的事实促使罗杰·彭罗斯提出了宇宙监督假想，意译即"上帝憎恶裸奇点"。具体来说，宇宙监督假想指明的是这样一种情形：由引力坍缩所产生的奇点只能发生在像黑洞这样的地方，在那儿它被事件视界遮住而无法被外界看见。严格来说，这被称为弱的宇宙监督猜测，即使它留在黑洞外面的观察者不致受到发生在奇点处的可预见性失效的影响，但这个观察者无法帮助那位落到黑洞中的可怜的航天员。

对于经典黑洞而言，黑洞外的物质和辐射可以通过视界进入黑洞内部，而黑洞内的任何物质和辐射均不能穿出视界，因此又称视界为单向膜。视界并不是物质面，它表示外部观测者从物理意义上看，除了能知它（指视界）所包含的总质量、总电荷等基本参量外，其他的一无所知。

事件视界，也称为事象地平面，是一种时空的曲隔界线，也就是空间 - 时间中不可逃逸区域的边界。它要说明的是，事件视界以外的观察者，无法利用任何物理方法获得事件视界以

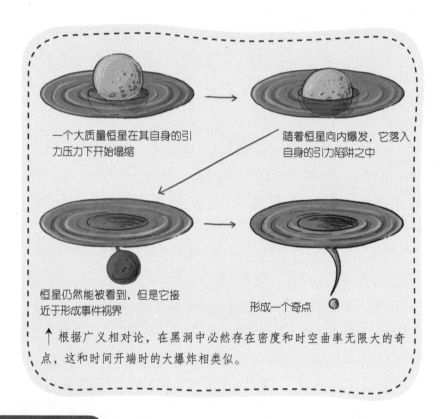

一个大质量恒星在其自身的引力压力下开始塌缩

随着恒星向内爆发，它落入自身的引力陷阱之中

恒星仍然能被看到，但是它接近于形成事件视界

形成一个奇点

↑ 根据广义相对论，在黑洞中必然存在密度和时空曲率无限大的奇点，这和时间开端时的大爆炸相类似。

内的任何事件的信息，或受到事件视界以内事件的任何影响。这一点依然跟光速有关，因为即便速度快如光也无法逃出事件视界的范围。也正因如此，产生了"视界"这样的译词，作为外界观察者可看见范围的界线。在霍金看来，黑洞的事件视界酷似诗人但丁口中的"地狱"——从这儿进去的人必须抛弃一切希望。对任何人或任何事件来说，一旦进入事件视界，就如同进入了永久的地狱，再也不会有任何东西留下，更不会被任何人观察或记录到。

黑洞的检测

纵观科学史，人们往往是先通过观测取得证据证明某个理论成立，然后才借助数学模型来进行非常详尽的推导。而反观黑洞的情形，却恰恰相反。它竟然是先通过数学模型进行推导后，才通过观测得出证据。仅凭这一点，很多科学家就对黑洞持反对意见。这也无可厚非，毕竟关于这些天体的唯一证据还是根据广义相对论计算出来的，你怎么能要求人们去相信这种仅凭计算得出的理论呢？

看看黑洞的定义就知道，它不能发出光，那我们该怎样检测它呢？这就好比在煤库里找黑猫一样，难度可想而知。难道就真的无计可施吗？答案是否定的，我们有一种办法，正如约翰·米歇尔在他1783年的先驱性论文中指出的，黑洞仍然将它的引力作用到它周围的物体上。

1963年，加利福尼亚帕罗玛天文台的天文学家马丁·施密特发现了一个微弱的恒星状天体。该天体位于名为射电波元3C273的方向上，3C273指的是剑桥第三射电源表中编号是

↗两颗相互围绕着公转的中子星，由于引力波辐射使其能量损失，导致它们相互沿着螺旋轨道靠近，并在亿万年后碰撞。

273 号的射电源。施密特测出了该天体的红移，发现其红移量非常大，绝不可能是引力场造成的。

因为如果这是引力引起的红移，该天体肯定具有巨大的质量，并且离我们非常近，进而影响到太阳系中行星的运行轨道。那么，究竟是什么引起的红移呢？看起来，这只能是由宇宙膨胀引起的，而这又说明该物体离我们非常远。进一步来讲，既然在这么远的距离上我们还能看到它，那就说明它肯定非常明亮，且所发出的能量一定非常大。

为找到能产生如此大能量的原因，唯一可行的方案似乎就是引力坍缩。当然这不是一颗恒星的坍缩，而是星系整个区域的坍缩。幸运的是，在此之后，人们又陆续发现了若干个类似的其他类恒星状天体，即类星体。这些类星体虽然都有非常大的红移，但它们离我们非常遥远，很难借助观测它们来证实黑洞的存在。

终于在 1967 年，剑桥的一位研究生约瑟琳·贝尔发现了天空中发射出无线电波的规则脉冲的物体，给黑洞存在的预言带来了进一步的鼓舞。有趣的是，一开始贝尔和她的导师安东尼·休伊什诧异地认为，他们可能接触到了外星文明！因为这个原因，他们还将这四个最早发现的源称为 LGM1—LGM4，LGM 表示"小绿人"（Little Green Man）的意思。

但后来，他们和所有其他人都得到了不太浪漫的结论，即这些被称为脉冲星的物体，事实上是旋转的中子星，这些中子星由于它们的磁场和周围物质复杂的相互作用，从而发出无线电波的脉冲。对霍金来说，这无疑是个好消息——这是第一个中子星存在的证据。如前文所述，中子星的半径大约是 16 千米，只相当于恒星变成黑洞的临界半径的几倍。如果一颗恒星能坍缩到这么小的尺度，那么由此推想其他恒星也可能坍缩到更小的尺度并成为黑洞就理所当然了。

天文学家观测了许多恒星系统，在这些系统中，两颗恒星由于相互之间的引力吸引而互相围绕着运动。他们还看到了其中只有一颗可见的恒星绕着另一颗看不见的伴星运动的系统。人们当然不能立即得出结论说，这伴星即黑洞——它可能仅仅是一颗太暗以至于看不见的恒星而已。例如，天鹅座 X-1 即其中一例。对这一现象的最好解释是，物质从可见星的表面被吹起来，当被抛向不可见的伴星之时，发展成螺旋状的轨道（这和水从浴缸流出很相似），并且变得非常热而发出 X 射线。为了使这个机制起作用，不可见物体必须非常小，像白矮星、中子星或黑洞那样。

现在，从观察那颗可见星的轨道，人们可推算出不可见物体的最小的可能质量。在天鹅座 X-1 的情形，不可见星大约是太阳质量的 6 倍。按照钱德拉塞卡的结果，它的质量太大了，既不可能是白矮星，也不可能是中子星，所以看来它只能是一个黑洞。

不会"变小"的黑洞

对黑洞的探索一直在进行中，也许是女儿的出生给了霍金某些思想上的灵感，霍金开始思考当时困扰科学界的一个问题：究竟时空中有哪些点位于某个黑洞之内，又有哪些点位于黑洞之外呢？

由于大爆炸和黑洞奇点是如此之小，以至于其尺度趋向于零，所以科学家们不得不考虑其量子效应。在使用量子力学的理论对黑洞进行分析时，黑洞令人完全意想不到的性质被逐步揭示出来。我们将会看到，我们生活的宇宙比我们想象的还要神秘，并且十分完美。

在当时，霍金和好友彭罗斯讨论过给黑洞下一个定义的想法，即把黑洞定义为时间的某种集合，光线不可能逸出一段大的距离，而现在这正是人们所普遍采用的定义。这意味着黑洞的边界，或者说是事件视界，是恰好无法摆脱黑洞的那些光线组成的。

打一个比方，情况就像一个人在摆脱警察的追捕，他始终能保持跑得快一步，但不能彻底逃掉。

然而霍金很快意识到，这些光线的路径永远不可能互相靠近。如果它们靠近了，它们最终就必须互相撞上。这正如另一个人从对面跑来，正好和刚才领先警察一步的人相撞——这两个倒霉的人都会被紧随后面的警察抓住。或者说，这两条光线在这种情形下都会落到黑洞中去。但是，如果这些光线被黑洞所吞没，那它们就不可能在黑洞的边界上待过。所以我们可以推测，在事件视界上的光线的路径必须永远互相平行运动或互相远离。

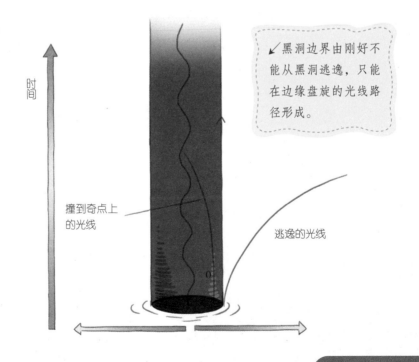

时间

黑洞边界由刚好不能从黑洞逃逸，只能在边缘盘旋的光线路径形成。

撞到奇点上的光线

逃逸的光线

理解上面所讲述的景象的另外一个途径便是，事件视界（也就是黑洞的边缘）就好比是阴影的边缘。它是光线逸出一段大的距离之边缘，但同样也是即将到来的厄运之阴影的边缘。如果你看到在远距离上的一个源（如太阳）投下的影子，你就会发现边缘上的光线不会互相靠近。

　　于是，我们也许可以得出这样一个结论：如果从事件视界（亦即黑洞边界）来的光线永远不可能互相靠近，则事件视界的面积可以保持不变或者随时间增大；但它永远不会减小，因为这意味着至少一些在边界上的光线必须互相靠近。事实上，只要物质或辐射落到黑洞中去，事件视界的面积就会增大。

　　如果想法更加大胆点，或者两个黑洞碰撞呢？它们会合并成一个单独的黑洞，这最后的黑洞的事件视界面积就会大于或等于原先黑洞的事件视界面积的总和。事件视界面积永远不减小的性质给黑洞的可能行为加上了重要的限制。

　　这个发现让霍金振奋不已，以至于夜不能寐。第二天，霍金给罗杰·彭罗斯打电话，讲述了这个令人振奋的发现，彭罗斯肯定了霍金的看法，最后两个人达成了共识：只要黑洞不再活动并处于某种稳恒的状态，那么黑洞的边界及其面积都应是一样的。

虫洞是宇宙中 "瞬间转移" 的时空隧道

逆时旅行的 "瓶颈"：打不破的光速壁垒

由于时间和空间是相关的，因此一个和逆时间旅行密切相关的问题就是，你能否行进得比光还快。要知道，时间旅行就意味着超光速旅行，即在你的旅程的最后阶段做逆时间旅行，这样就能使你的整个旅程在你希望的任意短时间内完成。当然，这样做其实就是让你以不受限制的速度行进！就像我们看到的一样，这个结论反过来依然成立：如果你能以不受限制的速度行进，你就能逆时间旅行。

同科学家一样，科学幻想作家也非常关心超光速旅行的问题。在他们看来，假设我们向着离我们最近的恒星 α－半人马座发送速度达到光速的星际飞船，由于它离我们大概有 4 光年那么远，所以预计飞船上的旅行者至少要到 8 年之后才能返回地球向我们报告他们的发现。但如果到更远的银河系中心去探险，就需要更长的时间——大约 10 万年。这样一来，对那些想要写一场星际大战的科幻作家来说，前景似乎就不太乐观了！

但相对论提出时间不存在唯一的标准，这样每一位观察者都拥有他自己的时间测量。这样一种时间是用观察者自己所携带的钟表来测量的。对时空旅行者来说，这个旅程可能就比留在地球上的人的感觉要短得多。不过，对那些只老了几岁的回程空间旅行者来说，这种情况无疑凄惨了许多，因为他们会发现留在地球上的亲友已经死去了几千年。也正因为如此，科幻作家为了使人们对他们的故事更有兴趣，必须设想有朝一日我们能够运动得比光还快。可在此过程中，他们没意识到的是，如果你能运动得比光还快，即你能向着时间的过去运动，你势必要面临像下面这首打油诗一样的情况：

> 年轻的小姐名叫怀特，
>
> 她行得比光还快。
>
> 她以相对性的方式，
>
> 在当天刚刚出发，
>
> 却早已于前晚到达。

关键问题在于，相对性理论认为不存在让所有观察者同意的唯一时间测量。与此相反，它认为每位观察者都有自己的时间测量，且在一定情况下，观察者们甚至在事件时序上的看法也不必一致。也就是说，如果两个事件 A 和 B 在空间上相隔得非常远，一个飞船必须以行进得比光还快的速度才能从 A 到达 B。

那么，两个以不同速度运动的观察者，就会对事件 A 和事件 B 究竟谁发生在谁前面争论不休。现在，假设把 2012 年奥运会 100 米决赛的结束作为事件 A，把比邻星议会第 100000 届会议的开幕式作为事件 B。假设对地球上的一名观察者来说，事件 A 先发生，一年后的 2013 年事件 B 才发生。我们知道，地球和比邻星相距 4 光年左右，因此这两个事件必须满足上述的判断，即虽然 A 在 B 之前发生，但你必须行进得比光速还快才可能从 A 到达 B。这样一来，对身处比邻星、在离开地球方向以接近光速旅行的观察者来说，事件 B 就在事件 A 之前发生。

他会这样对你说：如果你可以超光速运动，你就能够从事

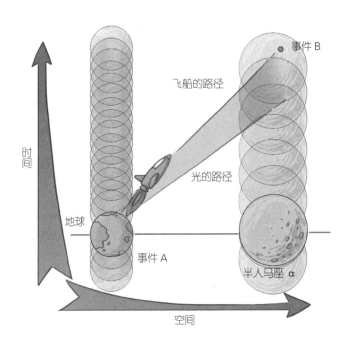

时间

飞船的路径

事件 B

光的路径

地球

事件 A

半人马座 α

空间

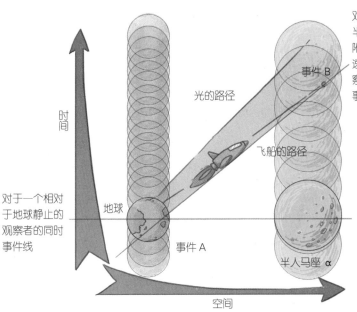

对于一位在
半人马座 α
附近以近光
速运动的观
察者的同时
事件线

时间

光的路径

事件 B

飞船的路径

对于一个相对
于地球静止的
观察者的同时
事件线

地球

事件 A

半人马座 α

空间

件 B 到达事件 A。事实上，如果你旅行得真的够快，你甚至来得及在赛事开始之前从 A 地赶回到比邻星，并在得知谁是赢家的基础上投注成功。

然而，要打破光速壁垒还存在一个问题。相对论告诉我们，宇宙飞船的速度越接近光速，对它加速的火箭的功率就必须越来越大。对此我们的实验结果是，我们可以在诸如粒子加速器的装置中将粒子加速到光速的 99.99%，但无法使它们达到或者超过光速。而空间飞船的情形也是如此，无论火箭的功率多大，它都不可能达到光速以上。

虫洞——宇宙中"瞬间转移"的工具

无法打破光速壁垒，是否就表明没有办法进行时间旅行了？答案是否定的。

事实上，人们还可以把时空卷曲起来，使得 A 和 B 之间出现一条近路。在 A 和 B 之间创生一个虫洞，就是一个很好的法子。顾名思义，虫洞就是时空中一条细细的管道，它能把两个几乎平坦的、相隔遥远的区域连接起来。

虫洞，又称爱因斯坦－罗森桥，是宇宙中可能存在的连接两个不同时空的狭窄隧道。1916 年，奥地利物理学家路德维希·弗莱姆首次提出了虫洞的概念。1930 年，爱因斯坦和纳珍·罗森在研究引力场方程时有了新发现，他们认为通过虫洞可以做瞬时间的空间转移或者时间旅行。不过迄今为止，科学家还没有观察到虫洞存在的证据，人们通常认为这是因为虫洞和黑洞很难区别开。事实上，虫洞也分很多种类，如量子态的量子虫洞和弦论上的虫洞。我们通常所说的"虫洞"应该被称为"时空虫洞"，而量子态的量子虫洞被称为"微型虫洞"，两者并不一样。

虫洞到底是什么呢？假设时空是一个苹果的表面，那么要连接苹果表面上的两个点，一只小虫子必须从一点开始啃咬，直到渐渐咬出一个洞穴。这个洞穴对应的其实就是连接时空中相异两点的捷径。广义相对论指出，只要准备充分适当的物质，就能把时空扭曲成任意形状。因此，这样就会使时空中相异的地方凹陷，并如同管子似的被拉长。将这样的两条管子连接起来，就形成了虫洞。这就仿佛是将这两个黑洞避开内部的奇点而连接形成的。另外，就黑洞的情况来说，由于其表面是时空的地平面，因此一旦落入其中就再也出不来了。此时，就

↓ 对于两个相隔遥远的物体，比如地球和半人马座 α 星，如果让时空卷曲起来，找到一条捷径——一个时空细管，通过它就可能实现时空旅行。

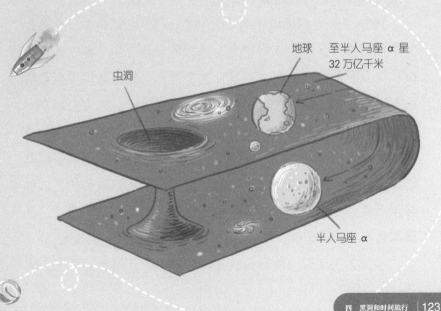

虫洞

地球 至半人马座 α 星
32 万亿千米

半人马座 α

好比能连接黑洞的虫洞无法穿越了。不过，如果你能以比光速还快的速度运动，你还是可以穿越过去的。当然，比光还快的速度在相对论中是被禁止的。

那么，穿越虫洞到底可能吗？如果在时光机器中使用虫洞，而虫洞却无法穿越，那就太难办了。对此，人们认为使事象的地平面无法在入口处形成，进而缓慢地扭曲时空或许就行了。可这样一来，人们就必须了解某种迄今为止仍属未知的物质。通常来讲，普通的物质都具备正能量，所以重力才成为引力，时空才能够逐渐无边地扭曲。但如果使时空扭曲的物质存在，我们就能通过使用该物质制造出能轻易穿越的虫洞。遗憾的是，这样一种物质究竟是什么，人们至今还不清楚。

如何让时空卷曲

乍看之下，时空不同区域之间虫洞的思想似乎是科幻作家的发明。然而，它的起源事实上非常令人尊敬。

1935 年，爱因斯坦和纳珍·罗森合写了一篇论文。在该论文中他们指出，广义相对论允许一种他们称之为"桥"而现在被称为虫洞的东西存在。不过，这个被称为爱因斯坦－罗森桥的东西并不能维持很久，飞船根本来不及穿越，因为虫洞会缩紧，而飞船会因此撞到奇点上去。有人因此提出，一个更先进的文明或许可以使虫洞保持开放状态。人们还可以把时空以其他任何方式卷曲，以便能允许时间旅行。但可以证明的是，你必须需要一个负曲率的时空区域，就像一个马鞍面。通常，物质都具有正能量密度，赋予时空以正曲率，就像一个球面。

因此，为使时空能卷曲成允许时间旅行到过去的样子，人

为允许旅行到过去，必须得用某种方式将时空卷曲，形成一个负曲率的时空区域。

们需要拥有负能量密度的物质。

　　这又是什么意思呢？事实上，能量很像金钱，如果你有正能量，你就能以不同的方法分配。但根据经典定律，能量不允许透支。这样一来，经典定律就排除了负能量密度，即逆时间旅行的可能性。然而，以不确定性原理为基础的量子理论已超越了经典定律。比较起来，量子定律更加慷慨，只要你总的余额是正的，你就能从一个或者两个账户里投资。换言之，量子理论允许一些地方的能量密度为负，只要它能由其他地方的正能量密度所补偿，使总能量保持为正。

时光机器的制造原理

　　用狭义相对论中的双生子吊诡事件可以说明，使用能被穿越的虫洞，我们是可以轻易地制造出时光机器的。那么，时光机器的制造原理是什么呢？

　　首先我们应该尽量将虫洞的两个入口 A 和 B 缩小。这样一来，为起到简单的示范作用，我们先假设虫洞的两个入口是在同一时刻连接的。这会产生跟双生子吊诡一样的情形，即入口 B 的时间晚了，就会同时产生两个拥有不同时刻的虫洞入口。

　　举例来说，如果早上 8 点从入口 B 出发，那么当再次回到入口 B 时，入口 A 的时间正好是晚上 8 点，而此时入口 B 的时间却是早上 10 点。实际上，就算以接近光速的速度行动，也要花费多得多的时间才能做到这样。所以，这么快回来是根本不可能的。

　　现在，让我们举个更简明扼要的例子来说明问题。一个位于入口 A 附近的人，在晚上 8 点的时候来到了入口 A，并从那里飞了进去。假设他抵达入口 B 所要花费的时间是一个小时，那么当他抵达入口 B 时，时间应该是 晚上 9 点。我们知道，入

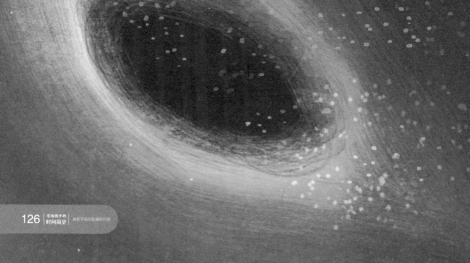

口 B 是以自己的钟表来计量的，假如在早上的时间回到原来的场所后就静止不动，那么此后入口 B 的钟表时刻就应该和入口 A 的钟表时间保持一致。照此推算，之前的那个人在抵达入口 B 时，入口 B 的时间应该是上午 11 点。而又因为入口 B 的 11 点和入口 A 的 11 点是相连的，因此那个人飞进入口 B 后，应该会在上午 11 点再从入口 A 飞出来。可是，他出发的时间明明是在晚上 8 点。这样一来，他不就回到过去了吗？

话说回来，如果你因此就欢呼雀跃时间机器制造成功了，那就有点为时过早了。事实上，要完成制造时光机器的任务，你必须将所有的问题都考虑清楚，并且保证每个问题都有解答。然而，实际情况是所有问题都还是一团糟，完全没有清晰明了的思路。最大的疑问就是，现实中我们究竟是否能制造出可以被穿越的虫洞。另外，就算我们确实能造出这种虫洞，我们又是否有能力将它拓宽为人类可以穿越的大小，以及是否有能力操纵它。当然，其他的问题诸如是否虫洞还有另外的入口等，也足够让人们操心费神许久了。